親子で楽しむ！
わくわく
数の世界の大冒険
決定版
桜井 進◎著
ふわこういちろう◎絵
WAKUWAKU KAZU NO SEKAI NO DAIBO-KEN
Sakurai Susumu
Fuwa Koichiro
日本図書センター
JN156966

はじめに

みなさんは大冒険と聞けばどんな冒険を想像しますか。
誰も足を踏み入れたことのないジャングルの奥地、
太平洋の孤島、はたまた宇宙の彼方の遠い星かもしれません。

冒険家は誰も行ったことのないところを目ざします。
途中いかなる難関があろうとも、
それをくぐり抜けて行かなくてはなりません。
だから冒険には勇気が必要です。
でもひとたび出発すれば、旅の途中の
風景のすべてにわくわく、ドキドキすることになります。

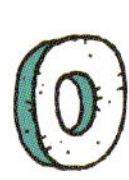

さてこれから私たちが出かける冒険の先は数の世界です。

私たちの身のまわりには

数の世界への入り口がたくさんあることに、

みなさんは気づいていますか？

数の世界にはたくさんの不思議な住人がいて、

とても楽しい、綺麗な舞を舞っています。

ぜひみなさんにその風景を見てもらいたくて、この本をつくりました。

夢と希望と少しの勇気があれば、

誰でも数の不思議な世界の冒険に旅立つことができるのです。

さぁ、いっしょに、

わくわくどきどきの大冒険に出かけましょう！

［登場人物］

この本の主人公。
数の宝島を目ざして冒険中！
勇気いっぱいの少年。

みんなのたよれるリーダー。
困ったときにプーラスの
冒険を助けてくれる。

船員カッケル

プーラスの相棒（クマ）。
少しおっちょこちょいだけど
とってもいいヤツ。

目次

マジック島❶のDAIBO-KEN

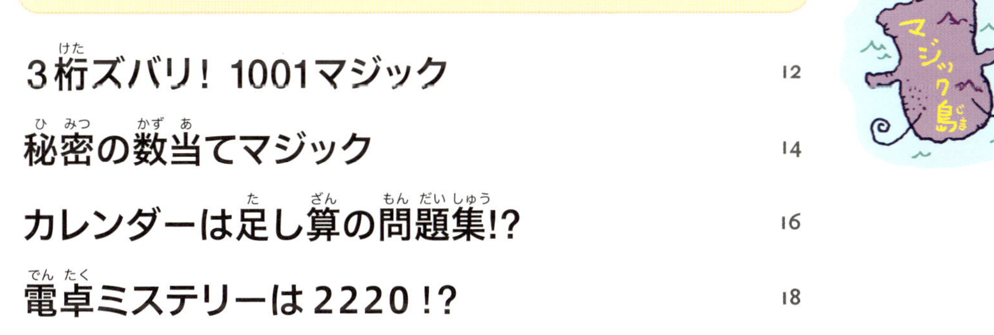

おつり島のDAIBO-KEN

エピソード島❶のDAIBO-KEN

ピラミッド島のDAIBO-KEN

数の単位島のDAIBO-KEN

連続島のDAIBO-KEN

九九島のDAIBO-KEN

エピソード島❷のDAIBO-KEN

マジック島❷のDAIBO-KEN

楽々かけ算島のDAIBO-KEN

倍数判定島のDAIBO-KEN

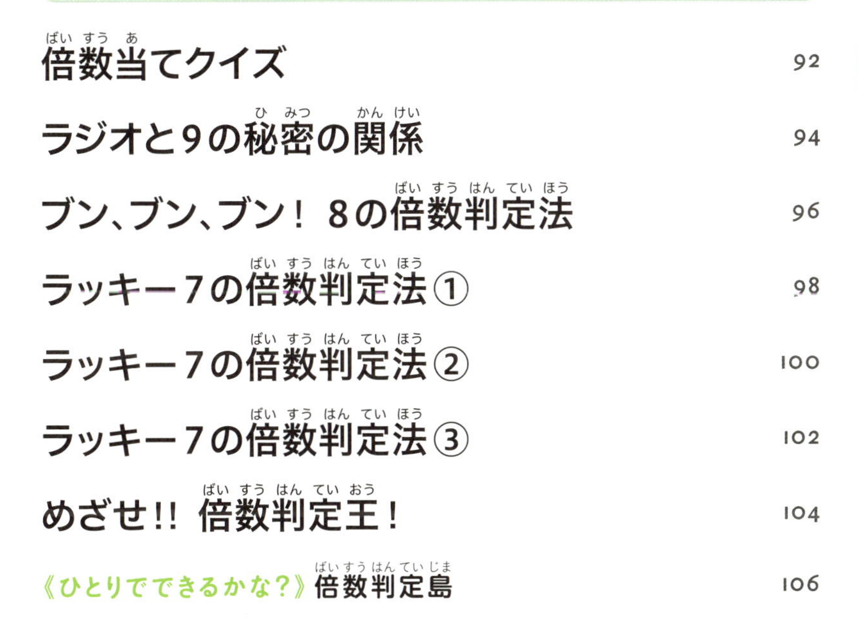

÷×−+÷×−+÷×−+÷
数の世界は不思議な世界！
プーラス、ヒック船長、カッケルと
いっしょに、
たくさんの謎を解きながら、
数の宝物を探しに冒険に出かけよう！
+−×÷+−×÷+−×÷+

マジック島❶の
DAIBO-KEN No.1

3桁ズバリ! 1001マジック

❶ 3桁の数を1つ思い浮かべます。784としましょう。

❷ その数を2回繰り返し並べて6桁の数とします。784784

❸ その数を7で割ります。784784 ÷ 7 ＝ 112112

❹ その数を11で割ります。112112 ÷ 11 ＝ 10192

❺ その数を13で割ります。10192 ÷ 13 ＝ 784

あら不思議！　最初に選んだ3桁の数が出てきました。

実はどんな3桁の数でも、❶〜❺の計算をするとこうなります。

ポイントは1001です。3桁の数に1001をかけてみます。

784 × 1001 = 784784

答えは3桁の数を2回繰り返して並べた6桁の数になるのです。ですから、このかけ算を逆にしてみると、

784784 ÷ 1001 = 784

と割り算になることが分かります。

さて、この 1001 には秘密があります。1001 ＝ 7 × 11 × 13 であることです。ある数を 1001 で割るということは、まず 7 で割り、つぎに 11 で割り、そして 13 で割ることと同じことです。

7 と 11 と 13 で割ることは、結局 1001 で割ったことになるです。ですから、3 桁の数を 2 回くり返して並べた 6 桁の数を 7 と 11 と 13 で割っていくと、最後の答えは必ず最初の 3 桁の数になるのです。

❶～❺のこの計算を覚えて、数当てマジックをやってみましょうね！

マジック島①の
DAIBO-KEN No.2

秘密の数当てマジック

電卓を使った計算マジックを紹介しましょう。10桁以上を表示できる電卓を用意して、相手に渡してください。次のステップにしたがって、相手の人に数字と記号を打ち込んでもらいます。

ステップ1「12345679と打ち込んでください」と言います。

ステップ2「かける（×）を押した後、1から9までの中から秘密の1桁の数を選んで押してください」と言います。

ステップ3「もう一度かける（×）を押した後、今度は9を押してください」と言います。

ステップ4 表示された数字を見せてもらいましょう。必ず、9桁とも同じ数が並んでいます。その同じ数が相手の人が選んだ秘密の数ですから、「秘密の数は○ですね」と当てます。

　では、どのようにして秘密の数を当てることができるのでしょうか。タネあかしをしてみます。かけ算は順番を入れ替えても同じ答えになります。つまり、

12345679 ×（秘密の数）× 9
＝ 12345679 × 9 ×（秘密の数）
＝ 111111111 ×（秘密の数）
＝ 秘密の数が九つ並んだ数

　となるのです。

では、同じような電卓マジックをもう一つ。ステップ 1 で、最初に打ち込む数を「27100271」、ステップ 2 はまったく同じです。ステップ 3 で、かける数を「41」にします。するとステップ 4 では秘密の数が 10 個並んだ数があらわれます。

　このマジックの秘密は、

　27100271 × 41 ＝ 1111111111

にあります。さあ、電卓のキーをたたいてみましょう。びっくりがなるほどに変わります。

マジック島❶の
DAIBO-KEN No.3

カレンダーは足し算の問題集!?

カレンダーを使ったおもしろ足し算を紹介しましょう。カレンダーの中に3×3の9日分の正方形をとってみます。では問題。その9個の数をすべて足したらいくつになりますか？

たとえば、図のように正方形で囲んだとすると9個の足し算1＋2＋3＋8＋9＋10＋15＋16＋17の和はいくつ？　という問題になります。もちろんはじめから順に足していけばいいのですが、もっと簡単に和を求めるうまい方法があるのです。その方法とは、

正方形にある9個の数の和＝真ん中の数 ×9

というものです。先ほどの問題であれば、真ん中の数が9ですから9倍して81が答えになります。ほんとうかどうか確かめてみてください。

では 10 ＋ 11 ＋ 12 ＋ 17 ＋ 18 ＋ 19 ＋ 24 ＋ 25 ＋ 26 はどうでしょう。真ん中の数は 18 ですから 9 倍します。18 × 9 の計算はいったん 18 を 10 倍しておいて、そこから 18 を一つ引いても求められます。180 − 18 ＝ 162 とすればいいのです。これも確かめてみてください。

なぜこのように計算できるのかを最初の問題で考えてみましょう。9 個の正方形をじっくり眺めていると規則が見えてきます。ヒントは対角線です。

1 と 17 の和 18 は 9 ＋ 9 と考えることができます。2 と 16 の和 18 も 9 ＋ 9、3 と 15 の和 18 も 9 ＋ 9、8 と 10 の和 18 も 9 ＋ 9、つまり 9 個の数の和を考えると、9 個すべてが真ん中の数 9 に変身してしまうということです。だから真ん中の数を 9 倍した値が答えになるのです。

実はカレンダーは足し算の問題集だったのです。

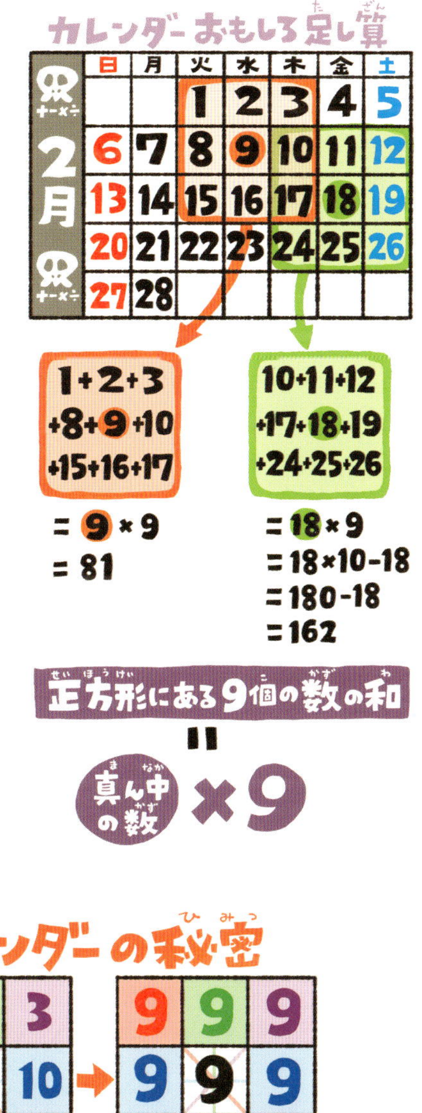

マジック島❶の
DAIBO-KEN No.4

電卓ミステリーは2220!?

1→1

7	8	9
4	5	6
1	2	3

123
369
987
+741

電卓を使ったおもしろい足し算です。電卓の数字キーは1から反時計回りに2、3、6、9、8、7、4と並んでいます。

1から始めて1に戻る次のような足し算をしてみましょう。

123 + 369 + 987 + 741 = 2220

2から始めて2に戻る足し算もしてみましょう。

236 + 698 + 874 + 412 = 2220

やはり結果は2220となります。

同じように3、6、9、8、7、4の場合についても足し算をしてみてください。おもしろいことに結果はすべて2220になります。

次は、角の数（1、3、9、7）を3桁ずつ足し算してみましょう。やはり結果は2220です。

111 + 333 + 999 + 777 = 2220

また辺の真ん中の数（2、6、8、4）を3桁ずつ足し算してみましょう。

222 + 666 + 888 + 444 = 2220

今度も結果は2220です。では、対角線の3つの数を3桁として四つの数を足し算してみましょう。

159 + 357 + 951 + 753 = 2220

これも2220になりました。

最後に十字の3つの数を3桁として四つの数を足し算してみましょう。

258 + 654 + 852 + 456 = 2220

またしても2220です。

角

7	8	9
4	5	6
1	2	3

111
333
999
+777
2220

辺の真ん中

7	8	9
4	5	6
1	2	3

222
666
888
+444
2220

対角線

7	8	9
4	5	6
1	2	3

159
357
951
+753
2220

十字

7	8	9
4	5	6
1	2	3

258
654
852
+456
2220

さあ、読者のみなさん、まずは電卓を片手にぐるっと一回りの足し算、そして角、真ん中、対角線、十字の足し算をしてみましょう。そして今度は、計算を紙の上に書いて、手で足し算を確かめてみましょう。

おつり島の
DAIBO-KEN No.1

おつりの計算は「足して9」計算法!?

お買い物につきものの計算はおつりの計算、引き算です。みなさんは引き算が得意でしょうか。足し算にくらべて引き算はどうも苦手と思っている人が多いのは、引き算には「くり下がり」があるからです。

キリのいい1000からの引き算は、少しの工夫で「くり下がり」に悩まされずに楽に計算できるようになります。引き算を楽にする呪文、それは「足して9」です。

たとえば、1000 − 342の場合、百の位3に対して「足して9になる数は？」と考えて6とします。次に十の位4に対しても「足して9になる数は？」と考えて5とします。そして最後の一の位2に対しては「足して10になる数は？」と考えて8とします。つまり、百、十、一の位ごとに答えを「足して9」、

「足して9」、「足して10」と求めていけばいいのです。

これで引き算は「くり下がり」のない計算に変身。気分はずっと楽になります。

「足して9」計算法の秘密は、1000を999と1に分けることです。1000 − 342はまず、999 − 342とするのでどの桁の引き算も「くり下がり」がありません。そして、最後に1を足すので一の位だけは「足して10」となります。

この「足して9」計算法で1000円札を使った時のおつりの計算はすぐにできますね。

ポイントは
1000＝999 +1

$$\begin{array}{r} 1000 \\ -\ 342 \\ \hline ??? \end{array} \rightarrow \begin{array}{r} 999\ {+1} \\ -\ 342 \\ \hline 657\ {+1} \end{array}$$

＝658

おつり島の
DAIBO-KEN No.2

「足して9」計算法をマスターせよ！

キリのいい数1000からの引き算を、すばやく賢く計算する「足して9」計算法をさらにマスターしていきます。

1000からの引き算は10000からの引き算に応用できます。引く数の十の位以上を「足して9」、一の位を「足して10」として答えを求めればよいのです。

10000－2306

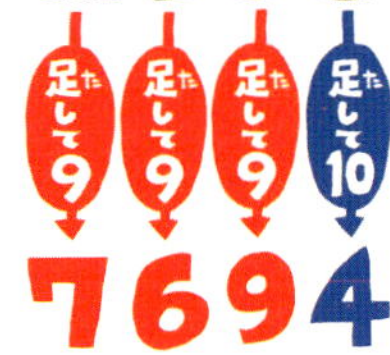

7694

たとえば、10000 － 2306では、千、百、十の位がそれぞれ2、3、0なので「足して9」となる数はそれぞれ7、6、9です。一の位は6なので「足して10」となる数は4です。つまり、7694が答えです。

1000－63
↓
1000－063

なるほどね

足して9 足して9 足して10

937

次に、1000 － 63を考えてみましょう。引く数の63は百の位が0ということなので1000 － 063として、百の位0と十の位6の「足して9」となる数はそれぞれ9、3、一の位 3 は「足して 10」となる数は 7 ですから、937 が答えになります。

10000−709
10000−0709
ほほぉ〜
足して9 足して9 足して9 足して10
9291

同じように、10000 − 709 では、引く数 709 の千の位は 0 と考えることができるので、10000 − 0709 と考えます。千の位 0、百の位 7、十の位 0 の「足して 9」となる数はそれぞれ 9、2、9 です。一の位 9 は「足して 10」となる数は 1 ですから、9291 が答えになります。

最後に、キリのいい数 1000、10000 から一の位が 0 の数を引く場合について考えてみましょう。たとえば、1000 − 670 であれば、答えの一の位は 0 なので十の位以上の部分だけを計算します。100 − 67 の十の位 6 は「足して 9」、一の位 7 は「足して 10」で 33、答えは 330 です。

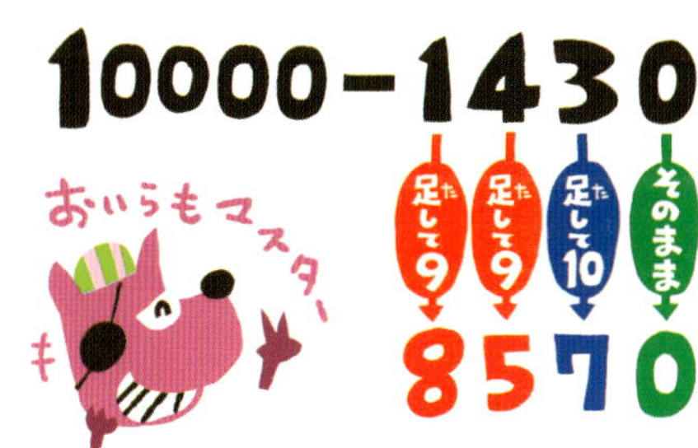

10000 − 1430 の場合も同じです。一の位は 0 なので、十の位以上だけを 1000 − 143 と計算すればよいので、これは十の位以上を「足して 9」、一の位を「足して 10」として 857 と計算します。答えはこれに 0 をつけて 8570 となります。

これで、1000、10000 からの引き算は前よりも少しだけ楽しくなったと思います。おつりの計算の時にためしてみてください。

おつり島の
DAIBO-KEN No.3

5000の引き算だって大丈夫!

1000円、10000円からのおつりの計算ができたら、次は5000円からのおつりの計算です。「足して4」がポイントです。

例1） 5000 − 3781

3781を千の位から一の位まで順に計算していきます。

千の位は「足して4」になる数を見つけます。3に対して「足して4」になる数は1です。次に百の位と十の位ですが、どちらも「足して9」になる数を見つけます。7に対して「足して9」になる数は2、8に対して「足して9」になる数は1です。そして一の位は、「足して10」になる数を見つけます。1に対して「足して10」になる数は9です。したがって、答えは1219となります。

5000－3781

おお!

足して4　足して9　足して9　足して10

1219

例 2）　5000 － 1806

1806 を千の位から一の位まで順に計算していきます。

千の位は「足して 4」になる数を見つけます。1 に対して「足して 4」になる数は 3 です。次に百の位と十の位ですが、どちらも「足して 9」になる数を見つけます。8 に対して「足して 9」になる数は 1、0 に対して「足して 9」になる数は 9 です。そして一の位は、「足して 10」になる数を見つけます。6 に対して「足して 10」になる数は 4 です。したがって、答えは 3194 となります。

なぜこのような計算になるのか、それは 5000 を 4999 ＋ 1 と分けて計算するからです。

$$5000-3781=4999+1$$
$$-3781$$

これで 1000 円、5000 円、10000 円からのおつりの計算はばっちりです。さっそくこの計算法をお買い物の時、レジで使ってみましょう。レジ係の人もきっとびっくりするかもしれませんね。

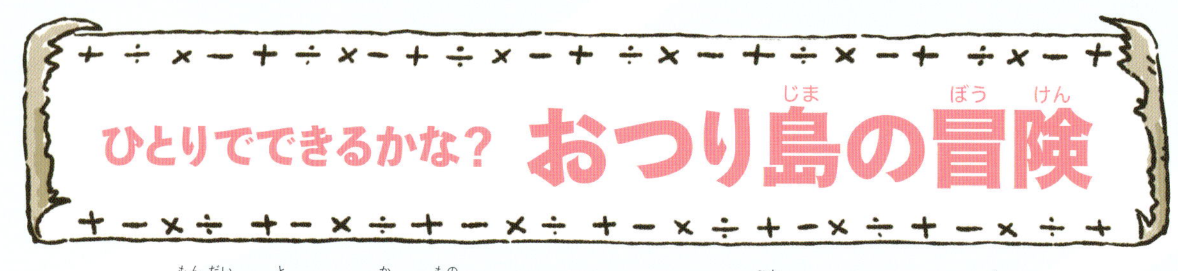

21の問題を解いて、買い物マスターを目ざせ！ （答えは110ページを見てね！）

1000からの引き算

1. 1000－348＝□
2. 1000－175＝□
3. 1000－593＝□
4. 1000－926＝□
5. 1000－403＝□
6. 1000－ 62＝□
7. 1000－720＝□

10000からの引き算

⑧ 10000－3267＝□

⑨ 10000－8795＝□

⑩ 10000－7993＝□

⑪ 10000－9062＝□

⑫ 10000－3090＝□

⑬ 10000－548＝□

⑭ 10000－730＝□

5000からの引き算

⑮ 5000－3781＝□

⑯ 5000－4653＝□

⑰ 5000－1974＝□

⑱ 5000－2562＝□

⑲ 5000－1072＝□

⑳ 5000－483＝□

㉑ 5000－920＝□

エピソード島(じま)❶の
DAIBO-KEN No.1

不思議(ふしぎ)な名前(なまえ)の呼(よ)び方(かた) 十(じゅう)が「つなし」!?

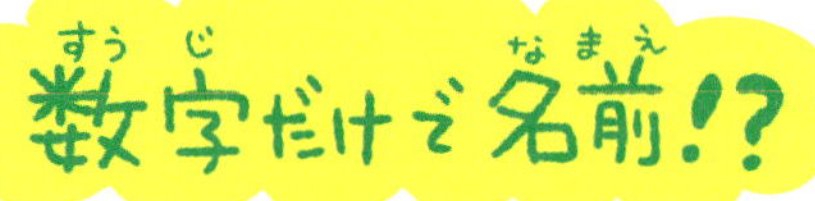

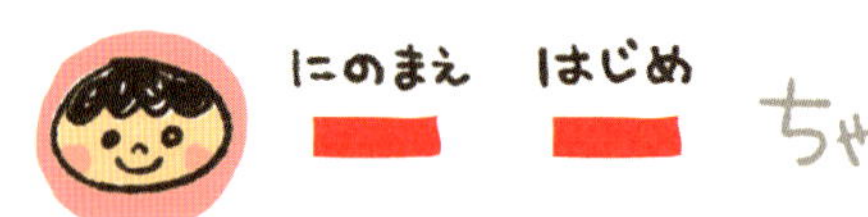

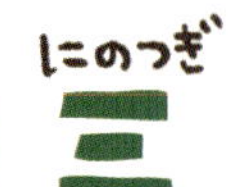
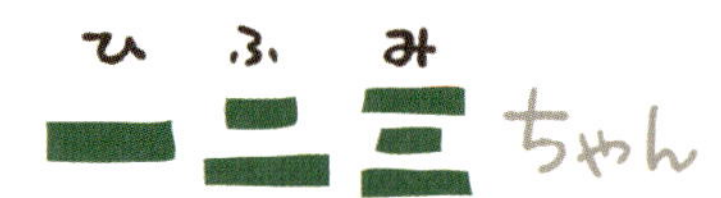

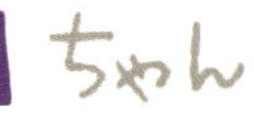

一、二、三、十という漢数字一文字を名字にもつ人がいます。おもしろいのはその呼び方です。一は「にのまえ」、二は「したなが」、三は「にのつぎ」、そして十には「よこだて」と「つなし」という２つの読み方があります。さて、どうしてそのように読むのでしょうか？

一は二の前にあるから「にのまえ」です。二という漢字は下の横棒が上のより長いので「したなが」です。十という漢字は横棒と縦棒でできているので「よこだて」です。ここまでは読み方からすぐに分かる理由です。では、十の「つなし」の読み方の理由はどうでしょうか。これはすぐには分からないかもしれません。ヒントを出してみましょう。一、二、三、四、五、六、七、八、九、十を声に出して読んでみると「ひとつ、ふたつ、みっつ、よっつ、いつつ、むっつ、ななつ、やっつ、ここのつ、とお」です。さあ、これで分かりましたか？

そう、十だけ読みに「つ」がないのです。だから「つなし」なのです。なぞなぞのようでおもしろいですね！

一 ひとつ
二 ふたつ
三 みっつ
四 よっつ
五 いつつ
六 むっつ
七 ななつ
八 やっつ
九 ここのつ
十 とお

エピソード島❶の
DAIBO-KEN No.2

漢字で算数!?

88歳を米寿というように、日本では長寿を祝って、ある年齢を「○○寿」と呼びます。たとえば、77歳は喜寿、99歳は白寿といいます。それぞれなぜそう呼ばれるのかには理由があります。

「米」という漢字は、ばらばらに見てみると、「八」と「十」と「八」からできているように見えるので88を「米」とします。「喜」という漢字は草書体という書き方では「㐂」です。「七」が横に2つ並んでいるのが見えます。99が白という理由は、100歳の別名「百寿」にヒントがあります。百という漢字の1番上の横棒を取ると「白」になります。

これ以外にもたくさんあるので、いくつか紹介してみましょう。80歳は傘寿です。傘の略字が「仐」で八十と見えるからです。81歳は半寿または盤寿といいます。半をよく見ると「八」と「十」と「一」に分解できます。なぜ盤寿というのでしょうか。ヒントは将棋盤のマス目です。将棋盤は縦横9マスずつですから、も

う分かりますね。

111歳は川寿です。川という漢字は見た目は111です。

川寿は皇寿ともいわれます。「皇」という字を分解してみましょう。白寿の「白」と「十」と「二」に分けられますね。

では最後に問題です。108は茶寿といいます。なぜでしょう。ヒントは米寿と足し算です。「茶」のくさかんむりの下の部分は「米」と同じように考えると88です。くさかんむりは「十」が横に2つ並んだように見えますから、合わせて20です。つまり、

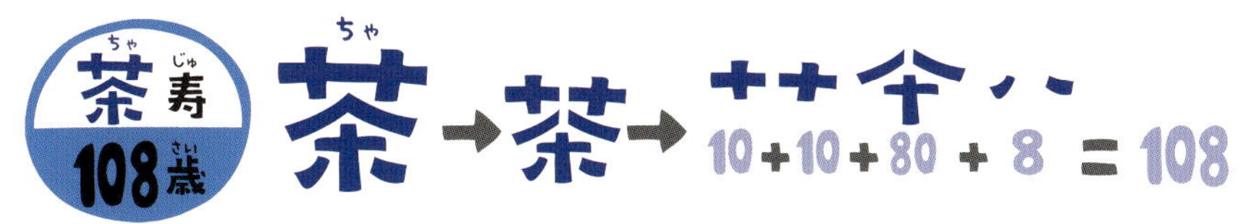

ということです。

このように「〇〇寿」という年齢の別名は、日本語だからできる、すてきな数と漢字の合わせ技なのです。

エピソード島❶の
DAIBO-KEN No.3

ゾウの重さをはかる方法

長さ、時間とともに大切なのが「重さ」です。人や物の重さをはかる道具「体重計」がなかった時代、人々はどんな方法でその重さをはかっていたのでしょうか？　中国の有名な歴史物語『三国志』には、ある方法によって、ゾウの重さをはかった少年の話がのっています。

いまから1700年以上もむかし、王様への贈り物として都にゾウが運ばれてきました。

そのゾウは王様の宮殿で飼われることになったのですがゾウを見る人々はゾウの重さが気になりだしました。しかし、ゾウの重さをはかることができるはかりなんてあろうはずがありません。

王様自身もゾウの重さが気になってしかたがありません。とうとう王様は、「ゾウの重さのはかり方を考えた者は申し出よ!」と言いました。

すると、１人の少年がゾウの重さをはかる方法があると言ってきました。

「どのような方法でゾウの重さをはかるというのじゃ？」

「まず、ゾウを船に乗せてください。そうすると船はぞうの重さで沈みます。どこまで沈んだかを見て、船に印をつけておいてください」

「ふむ、それから？」

「つぎにゾウを船からおろして、その代わりに船に石をどんどん乗せていくのです。ゾウを乗せた時につけた印が水面まで下がってきたら、その船にのせた石の重さがゾウの重さと等しいことになります。あとは、１つずつの石の重さをはかり、それらをすべて足し合わせたのがゾウの重さということになります」

「なるほど！　うまい方法があるものじゃ。さっそく宮 殿の池でこの方法をためしてみよ」と王様は家来に命じました。

このときの石の重さの合計は約 5000 kg ありました。つまり、ゾウの重さも約5000 kgと分かったのです。

石の重さだったら１つずつはかりではかることができます。少年は、ゾウを石のかたまりに分けてはかるという見事な方法を考え出したのでした。

①なにも
乗せてない船

②ゾウを乗せる

③しるしまで
岩を乗せる

④のせた岩を
1つずつはかって
全部を足せば
それがゾウの重さです

ピラミッド島の
DAIBO-KEN No.1

感動する！不思議なピラミッド計算

今回は計算した答えの数字たちがつくり出すピラミッドの冒険です。

1が並んだ数のかけ算をしてみます。

1 × 1 ＝ 1

11 × 11 ＝ 121

111 × 111 ＝ 12321

……。

何か気づきませんか？　答えの数字の並び方を見てみると、左から、1から順に3（111の桁数）まで大きくなり、そこから1まで小さくなっています。まるでピラミッドのようです。これを3桁のピラミッド計算と呼ぶことにします。

すると、1111 × 1111 や 11111 × 11111 はそれぞれ4桁、5桁のピラミッド計算なので 1234321、123454321 とパッと答えが分かってしまいます。

このようなきれいなピラミッド計算は 9 桁まで続きます。10桁以上になるとくり上がりが出てきてピラミッドが崩れてしまいます。計算をして確かめてみてください。筆算をしてみると、なぜピラミッドのようになるかが分かります。

図のように 1 桁のピラミッド計算から 2 桁、3 桁のピラミッド計算へとどんどん積み上げてみると、あっという間にピラミッドの完成です。すごいですね！

ピラミッド島の
DAIBO-KEN No.2

11のかけ算はアニメーション!?

今回は 11 や 111 のように 1 が続くかけ算を冒険しましょう。どんな風景が見えてくるでしょうか。

• 53 × 11 ＝ 583

• 45 × 11 ＝ 495

• 31 × 11 ＝ 341

どれも 11 倍するかけ算です。さあ、何か気づきませんか？ 53 × 11 の場合、まず 5 と 3 を引き離してすき間を 1 つ分空けます。次にそのすき間に 5 と 3 の和 8 を入れてあげれば答えになります。頭の中で「53」を「5 □ 3」として、□に 5 ＋ 3 ＝ 8 の 8 を入れると答えが分かるということです。数字たちが動いて答えをつくりだす風景はアニメーションのように見えませんか。

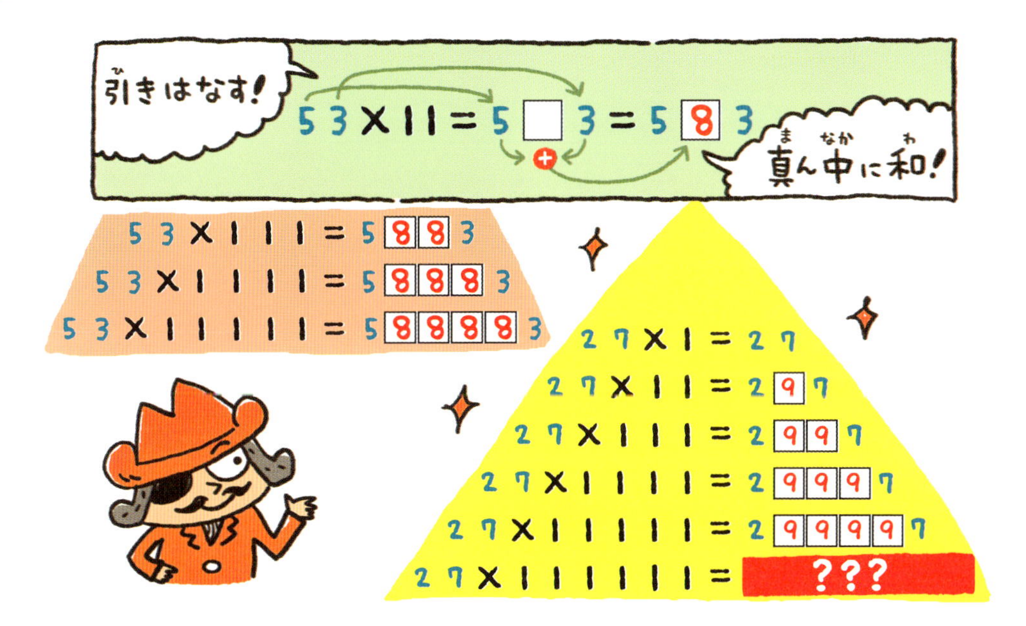

次に111倍のかけ算を筆算してみましょう。

- 53 × 111 ＝ 5883
- 27 × 111 ＝ 2997
- 34 × 111 ＝ 3774

もうお分かりですね。さきほどの11倍の計算がちょっと変わっただけです。111倍のかけ算は、間に2つ□□のすき間をつくればいいのです。実は1111倍のかけ算、11111倍のかけ算も同じようにできます。間に入るすき間の数字が増えていくだけで、11倍の時と同じ「アニメーション計算」で答えが出ます。

ちなみに、今回紹介した「アニメーション計算」は、53や45のように5と3、4と5の和が10を超えない、つまりくり上がらない場合にだけ使えます。

ひとりでできるかな？
不思議ピラミッドの冒険
?に数を入れて、ピラミッドを完成させよ！
電卓を使ってもOKだぞ！
(答えは110ページを見てね)
きれいに数字が並んでる〜
1×1＝1
11×11＝121
111×111＝12321
1111×1111＝1234321
11111×11111＝123454321
111111×111111＝12345654321
1111111×1111111＝1234567654321
11111111×11111111＝123456787654321
111111111×111111111＝12345678987654321

ピラミッドパワー
1×8+1=9
12×8+2=98
123×8+?=987
1234×8+4=9876
12345×8+?=98765
123456×8+6=??
1234567×8+7=9876543
12345678×8+8=???
123456789×8+9=987654321
すす…
!!
次のページも数字のピラミッドがあるぞ

3×9+6=33
33×99+66=3333
333×？+666=333333
3333×9999+6666=33333333
33333×99999+66666=？？？
数字のピラミッド
おそるべし…
あ…あ…
あっちもこっちも
数字がきれいに
並ぶ～
ピクピク
ズズズ…

見れば見るほどスゴイぞ〜
1 + 2 = 3
4 + 5 + 6 = 7 + 8
9+10+11+?=13+14+15
16+17+18+19+20=?+?+23+24
25+26+27+28+29+30=31+32+33+34+35
じ
数の世界は奥が深い

とっても大きい数、とっても小さい数

一、十、百、千、万、億、兆、京、垓、杼、穣、溝、澗、正、載、極、恒河沙、阿僧祇、那由他、不可思議、無量大数　この数の数え方は江戸時代の数学書『塵劫記』に書かれてあります。どうしてそのような言葉が使われるようになったのでしょうか。いくつか紹介しましょう！

億＝「人」＋「意」＝「人」＋「音（口をつぐむ）」＋「心」　億は「心いっぱいに黙って考えられるだけの大きな数」ということでした。数が大きくなると大地に載せられなくなるくらい大きい数が載。数の極（物事のそれ以上のないところ）としての極。恒河沙は恒河すなわちガンジス川の砂（沙）の数。阿僧祇、那由他、不可思議、無量大数

の無量は仏典『華厳経』に出てきます。

小さい単位のそのほとんどは、仏教の経典にあった言葉でした。15世紀、中国の『算法統宗』にも、最小の単位は塵までであって、それよりも小さい単位は「名ありて実なし」とあるくらいです。

空想力こそが私たちの最大の武器です。むかしの人はこの空想力をたくさん働かせ大きな数も小さな数も頭の中で考えていたのですね。

単位		0の数
一（1）	いち	1のあとに0が 0 こ
十（10）	じゅう	1のあとに0が 1 こ
百（100）	ひゃく	1のあとに0が 2 こ
千（1000）	せん	1のあとに0が 3 こ
万	まん	1のあとに0が 4 こ
億	おく	1のあとに0が 8 こ
兆	ちょう	1のあとに0が 12 こ
京	けい	1のあとに0が 16 こ
垓	がい	1のあとに0が 20 こ
秭	じょ	1のあとに0が 24 こ
穣	じょう	1のあとに0が 28 こ
溝	こう	1のあとに0が 32 こ
澗	かん	1のあとに0が 36 こ
正	せい	1のあとに0が 40 こ
載	さい	1のあとに0が 44 こ
極	ごく	1のあとに0が 48 こ
恒河沙	ごうがしゃ	1のあとに0が 52 こ
阿僧祇	あそうぎ	1のあとに0が 56 こ
那由他	なゆた	1のあとに0が 60 こ
不可思議	ふかしぎ	1のあとに0が 64 こ
無量大数	むりょうたいすう	1のあとに0が 68 こ

単位		0の数
分（0.1）	ぶ	1のまえに0が 1 こ
厘（0.01）	りん	1のまえに0が 2 こ
毛	もう	1のまえに0が 3 こ
糸	し	1のまえに0が 4 こ
忽	こつ	1のまえに0が 5 こ
微	び	1のまえに0が 6 こ
繊	せん	1のまえに0が 7 こ
沙	しゃ	1のまえに0が 8 こ
塵	じん	1のまえに0が 9 こ
埃	あい	1のまえに0が 10 こ
渺	びょう	1のまえに0が 11 こ
漠	ばく	1のまえに0が 12 こ
模糊	もこ	1のまえに0が 13 こ
逡巡	しゅんじゅん	1のまえに0が 14 こ
須臾	しゅゆ	1のまえに0が 15 こ
瞬息	しゅんそく	1のまえに0が 16 こ
弾指	だんし	1のまえに0が 17 こ
刹那	せつな	1のまえに0が 18 こ
六徳	りくとく	1のまえに0が 19 こ
虚空	こくう	1のまえに0が 20 こ
清浄	せいじょう	1のまえに0が 21 こ

ひとりでできるかな？とっても
大きい数の冒険
「一」から「無量大数」まで、どんどん大きくなっていく数。15秒で言ってみよう！
むずかしい漢字がいっぱい出てくる!!
このへんはよく見るぞ！
一 10^0
十 10^1
百 10^2
千 10^3
万 10^4
億 10^8
兆 10^{12}
京 10^{16}
垓 10^{20}
𥝱 10^{24}
穣 10^{28}
溝 10^{32}
澗 10^{36}
正 10^{40}
載 10^{44}
極 10^{48}
恒河沙 10^{52}

無量大数
10^{68}
うわ〜
0が68個も!
大きすぎて
想像できない…
プーラス
みっけ!
不可思議
10^{64}
10^{56}
阿僧祇
那由他
10^{60}

ひとりでできるかな？
とっても小さい数の冒険
「分」から「清浄」まで、どんどん小さくなっていく数。15秒で言ってみよう！
ぶ
10^{-1}
分
りん
10^{-2}
厘
もう
10^{-3}
毛
し
10^{-4}
糸

10^{-5}
こつ
忽
10^{-6}
び
微
10^{-7}
せん
繊
10^{-8}
しゃ
沙
10^{-9}
じん
塵
あい
埃
10^{-10}
びょう
渺
10^{-11}
ばく
漠
10^{-12}
もこ
模糊
10^{-13}
しゅんじゅん
逡巡
10^{-14}
しゅゆ
須臾
10^{-15}
しゅんそく
瞬息
10^{-16}
だんし
弾指
10^{-17}
せつな
刹那
10^{-18}
りっとく
六徳
10^{-19}
こくう
虚空
10^{-20}
せいじょう
清浄
10^{-21}
これも数かず か…
どんどん小ちいさくなる～

連続島の

DAIBO-KEN No.1

5秒で分かる! 連続する10個 秘密の足し算

1＋2＋3＋4＋5＋6＋7＋8＋9＋10＝55

連続する10個の自然数（1から順に増える数）が並んだ足し算ですね。

1から10までの数をすべて足した答えが55だと、すぐに分かる人もいるかもしれません。

では、こんな連続する10個の数が並んだ足し算はどうでしょう？

4＋5＋6＋7＋8＋9＋10＋11＋12＋13＝85

8＋9＋10＋11＋12＋13＋14＋15＋16＋17＝125

16＋17＋18＋19＋20＋21＋22＋23＋24＋25＝205

32＋33＋34＋35＋36＋37＋38＋39＋40＋41＝365

すぐに答えが分かった人はいないと思います。

でも、あるルールを知っているとこんな計算がすぐにできてしまうのです！

左の計算式をよく見てみると、答えの一の位がどれも５になっています。そして十の位以上の数だけに注目してみると、その数は小さい方から５番目の数になっています。

実はこれが連続する10個の足し算の答えを出すルールなのです！

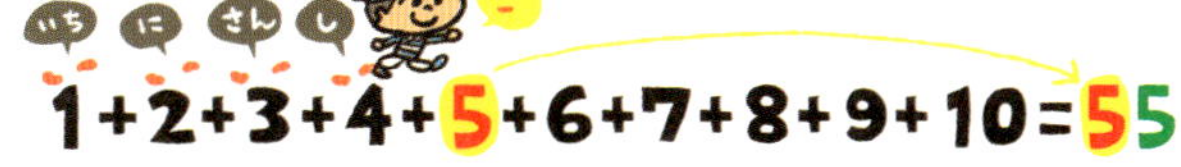

4+5+6+7+8+9+10+11+12+13=85

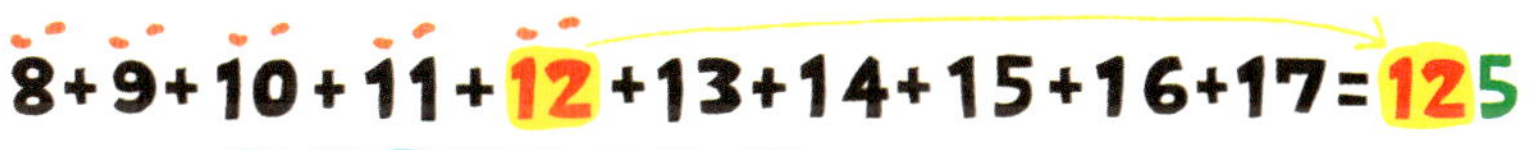

5番目の数の後ろに5をつける！

たとえば、23＋24＋25＋26＋27＋28＋29＋30＋31＋32ならば、小さい方から数えて５番目の数は27なので、それを十の位以上の数とします。そしてルールどおりに一の位を５とすれば、答えは275ということが分かるのです。

連続する10個の自然数の足し算のルール「５番目の数の後ろに５をつける！」

ぜひ、このルールを覚えておいてください。

友だちに問題を出した後に、このルールを教えてあげるとビックリしますよ！

連続島の
DAIBO-KEN No.2

連続する10個の数の足し算の秘密

さて、連続する10個の自然数の足し算は、「5番目の数の後ろに5をつける！」というルールを使うことで、かんたんに答えが分かりました。

たとえば、7 ＋ 8 ＋ 9 ＋ 10 ＋ 11 ＋ 12 ＋ 13 ＋ 14 ＋ 15 ＋ 16という10個の数の場合は、このルールで計算をすると、5番目の数となる11を十の位以上の数として、その後ろの一の位を5とすれば、115になりますね。

でも、どうしてこのような計算が、かんたんにできてしまうのでしょうか。

分かりやすく考えるために、ここでは、10個の数のすべてを足した和を、ひとつの形として見てみましょう。

まず、それぞれの数を、階段のようなブロックだとイメージするのです。そして、その階段のでっぱりとなっている部分をなくして、平らにしていくのです。

7 ＋ 8 ＋……＋ 15 ＋ 16 で考えてみます。5 番目のブロック 11 個を基準にすると、6 番目、7 番目、8 番目、9 番目のブロックはそれぞれ 11 個から 1 個、2 個、3 個、4 個上にはみ出しています。

これらを順に 4 番目、3 番目、2 番目、1 番目のブロックの上に積み重ねてあげると 1 番目から 9 番目までのブロックはすべて 11 個にそろいます。そして 10 番目のブロック 16 個は、11 個と 5 個に分けます。こうすることで 11 個のブロックが 10 セットそろうので、ブロックの数の合計は 11 × 10 に、10 番目のブロックの上に残った 5 個を加えればいいことになります。つまり、11 × 10 ＋ 5 ＝ 115 と分かります。つまり、「平らにする！」がポイントなのです。

こうして連続する 10 個の数の和は、5 番目の数の後ろに 5 をつけることが説明できるのです。次回はいよいよ 100 個の数の和の計算です。

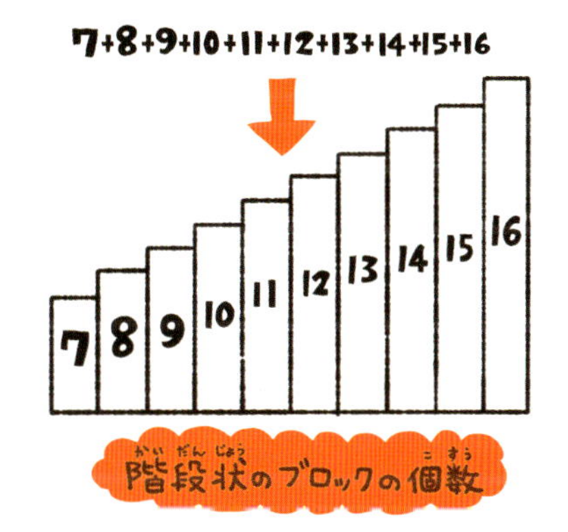

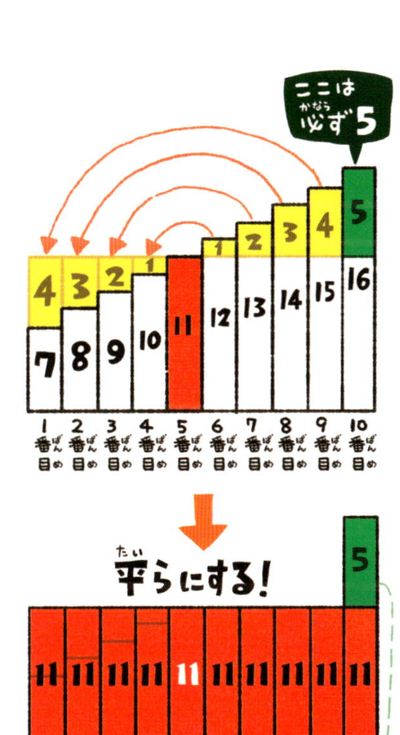

連続島のDAIBO-KEN No.3

100個でも大丈夫!? 連続する数の足し算の秘密

今度は、前回の連続する10個の数の足し算のルールを、100個の数の足し算に当てはめてみましょう。

1から100までを図のようにブロックとして考えます。51番目から99番目の49セットのブロックの高さを、50番目のブロックの高さ「50」にそろえます。そして、50を超えた分のブロックをそれぞれ、49番目から1番目までのブロックの上に重ねていきます。

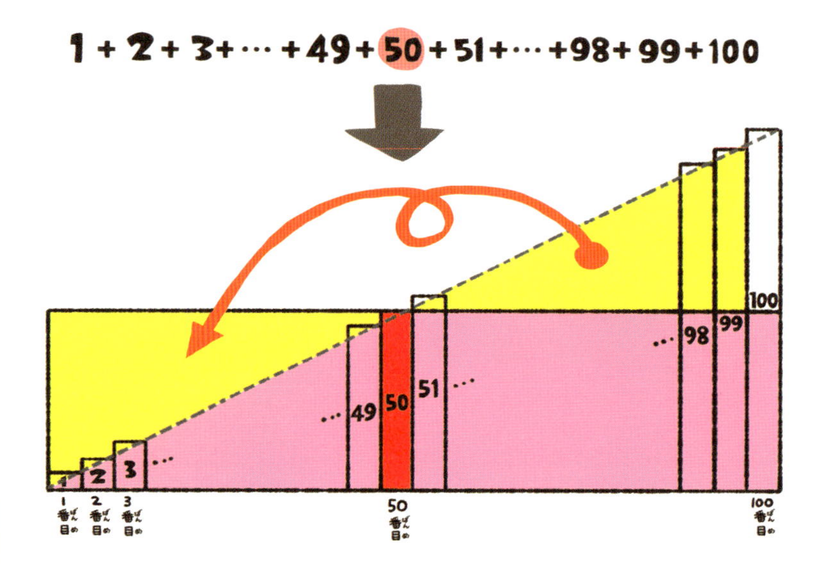

高さ「100」である100番目のブロックだけは、高さ50のブロックと、それを超えた分の高さ50のブロックに分けておきます。すると合計のブロックの数は、高さ50のブロックが100セットそろった長方形の部分に、100番目のブロックの上で余っている高さ50のブロックを加えたものになるのです。

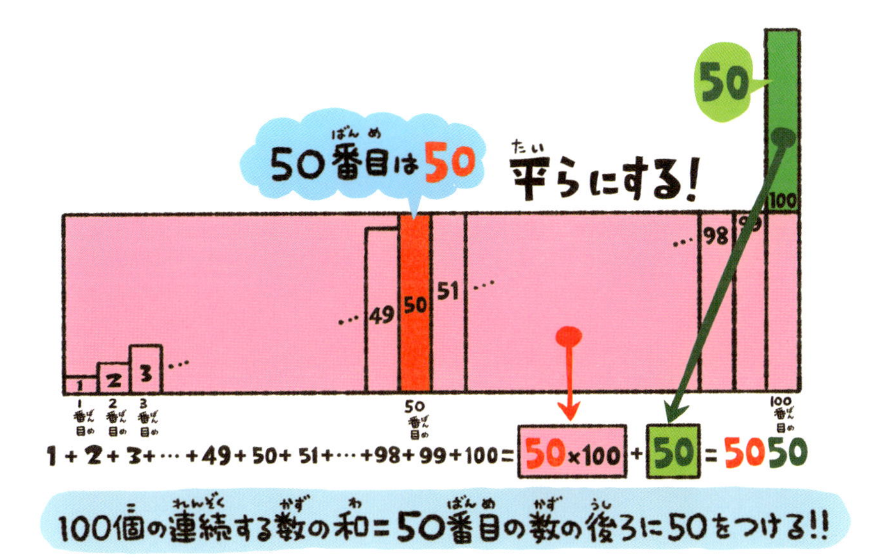

つまり、連続する100個の数の和は、50番目の数に100を掛けて50を加えた和となります。この答えの数は結局、50番目の数を百の位以上の数として、下2桁を50としたものになります。

1＋2＋3＋…＋100の答えは、50番目の数50の後ろに50をつけた5050になります。

連続島のDAIBO-KEN No.4

連続する100個の数の足し算
カギは「49」にあり！

連続する100個の足し算の答えは、50番目の数の後ろに50をつけた数になりましたね。実際に計算してみましょう。

（1）32から始まる連続する100個の数の和

（2）189から始まる連続する100個の数の和

連続する100個の自然数の足し算

いち　に　ごじゅう

1 + 2 + …… + 50 + …… + 100 = 5050

1番目　2番目　50番目　100番目

+49　+99

50番目の数の後ろに50をつける！

どうですか、すぐに答えが出せますか。1から始まる連続する100個の数の場合は、50番目の数が50とすぐに分かるので、答えも5050だとすぐに分かりましたね。

ですが、32 から始まる連続する 100 個となると、50 番目の数がすぐには分かりません。では 50 番目の数を求めるにはどうしたらよいでしょうか。

50 番目の数は最初の数に 49 を足した数になりますね。50 本の木が 1 直線に並んでいると、木と木の間は全部で 49 個あります。つまり「49」は間の数ということです。そう考えると、なぜ 50 番目を探すのに 49 を足すのかが分かります。

では、足し算の続きです。

（1）は 32 に「49」を足して 81 ですから、その後ろに 50 をつけて答えは 8150 です。

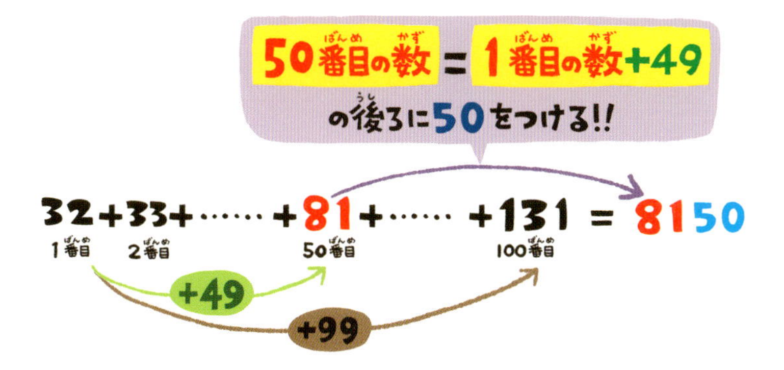

（2）は 189 に「49」を足して 238 ですから、その後ろに 50 をつけて答えは 23850 です。

このようにどんな大きな数でも、連続する 100 個の数の和は、「49」のコツさえ知っていればあっという間に計算できます。

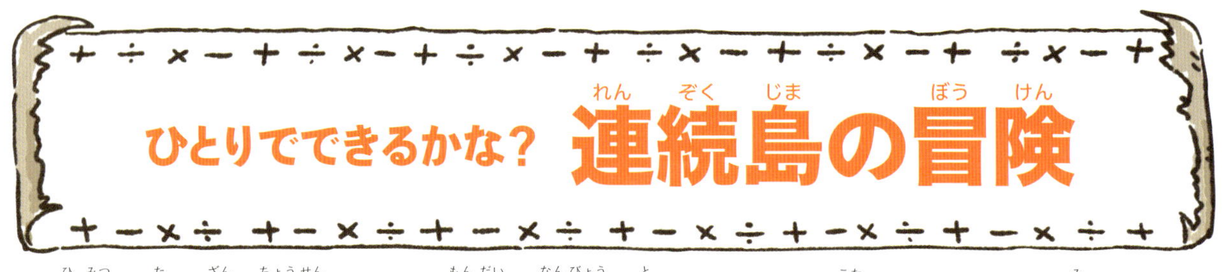

ひとりでできるかな？ 連続島の冒険

秘密の足し算に挑戦！ 4つの問題を何秒で解けるかな？ （答えは110ページを見てね！）

まずは超カンタン♪ 連続する10個の自然数の和を求めよう

1. 12+13+14+15+16+17+18+19+20+21=□

2. 139+140+141+142+143+144+145+146+147+148=□

3. 4564+4565+4566+4567+4568+4569+4570+4571+4572+4573=□

次は連続する100個の自然数の和を求めよう

4

24+25+26+27+28+29+30+31+32+33+34+35+36+37+38+39+40+41+42+43+44+45+46+47+48+49+50+51+52+53+54+55+56+57+58+59+60+61+62+63+64+65+66+67+68+69+70+71+72+73+74+75+76+77+78+79+80+81+82+83+84+85+86+87+88+89+90+91+92+93+94+95+96+97+98+99+100+101+102+103+104+105+106+107+108+109+110+111+112+113+114+115+116+117+118+119+120+121+122+123

= □

九九島の
DAIBO-KEN No.1

九九を超えよう 十の段同士の魔法のかけ算

九九は 9 × 9 までです。実は 12 × 13 のような十の段同士のかけ算にも、あっと驚く計算方法が隠されています。九九を超えた計算の世界を大冒険しましょう。

たとえば、12 × 13 を例に説明してみます。答えを、百の位と十の位の上 2 桁と一の位の下 1 桁に分けて考えていきます。

まず、下 1 桁は問題の一の位同士のかけた数になります。そして、12 に 13 の一の位である 3 を足した 15 が、答えの上 2 桁になります。

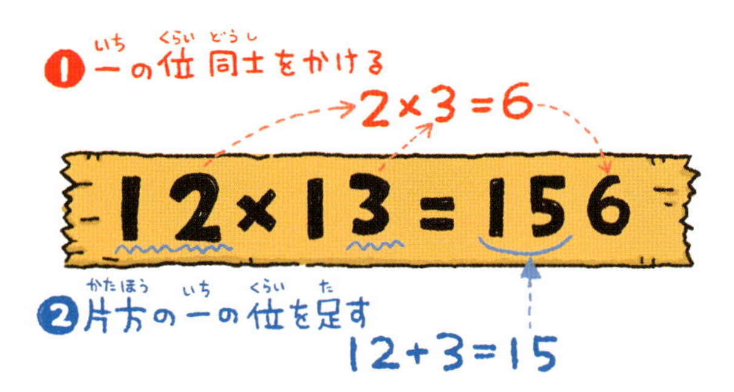

　12
×）13
――――
　36
12
――――
156

筆算をしてみると、なぜそうなるかが分かります。

14 × 12 であれば、答えの下 1 桁は 4 × 2 ＝ 8 で、上 2 桁は 14 ＋ 2 ＝ 16 なので、結果 168 となります。

次に、一の位同士のかけ算にくり上がりがある場合です。

16 × 17 を例に説明すると、6 × 7 ＝ 42 の 2 を答えの下 1 桁にします。そして、4 は、答えの上 2 桁を計算する 16 ＋ 7 に足します。つまり、16 ＋ 7 ＋ 4 ＝ 27。272 が答えになります。

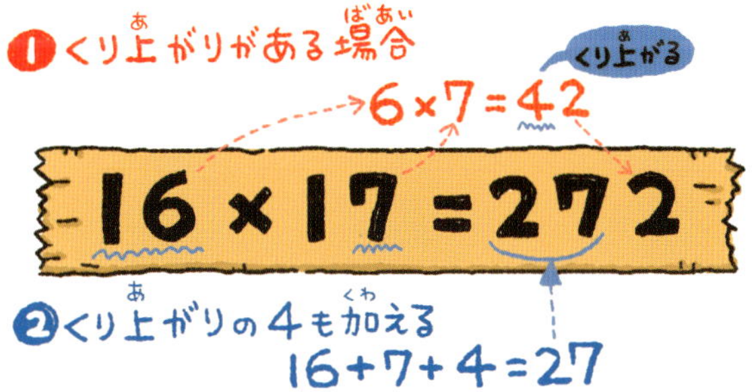

16 × 19 であれば、6 × 9 ＝ 54 の 4 を答えの下 1 桁として、5 は、答えの上 2 桁の計算にくり上げるので、16 ＋ 9 ＋ 5 ＝ 30 が答えの上 2 桁。つまり 304 が答えになります。

その他の十の段同士のかけ算に、この方法をためしてみましょう。

九九島の
DAIBO-KEN No.2

九九を超えよう 11から19の自乗に挑戦

「八八　六十四」「九九　八十一」。その続きを覚えてみましょう。

11 × 11 から 19 × 19 までの九つを覚えることに挑戦です。このような同じ数のかけ算を 2 乗、または自分自身をかけるので自乗ともいいます。

たった九つとはいえ、そのまま覚えるのはおもしろくありません。それぞれのかけ算の特徴を探っていくと、あっと驚く秘密に出会うことになります。

自乗の大冒険にいざ出発！

- **11 × 11 = 121**

以前紹介した「アニメーション計算」または「ピラミッド計算」の例です。

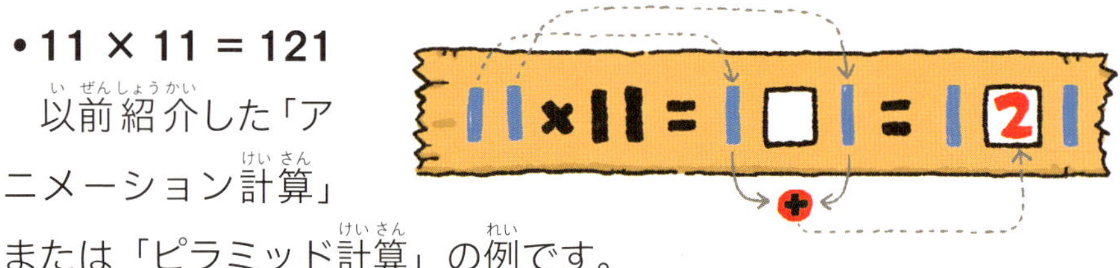

- **12 × 12 = 144**

下 2 桁が「4」のぞろ目です。

• 13 × 13 = 169

• 14 × 14 = 196

下 2 桁が 69 と 96 なので、ペアとして覚えてしまいましょう。

• 15 × 15 = 225

• 16 × 16 = 256

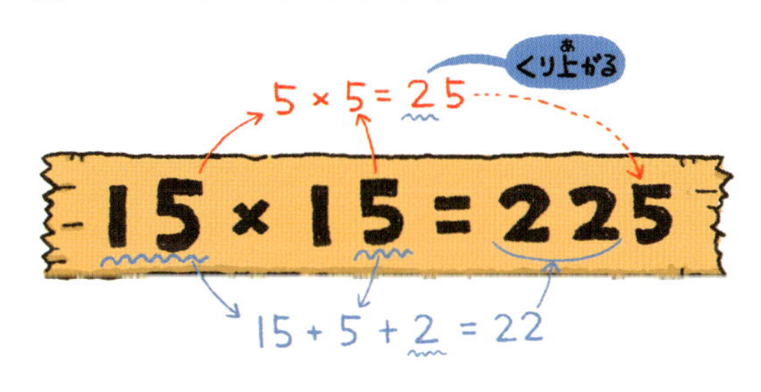

「十の段同士のかけ算」を使って計算してみましょう。ここでは 15 × 15 で紹介します。別な覚え方もあるので次のページで紹介します。お楽しみに。

• 17 × 17 = 289

• 18 × 18 = 324

• 19 × 19 = 361

この 3 つにはおもしろい秘密が隠されています。答えを下 1 桁と上 2 桁に分けて答えを出します。

下 1 桁は 17 の自乗であれば 7 × 7 ＝ 49 の 9 になります。18 の自乗では、8 × 8 ＝ 64 の 4。19 の自乗では、9 × 9 ＝ 81 の 1 です。上 2 桁は、それぞれ下 1 桁の 7、8、9 の 4 倍である 28、32、36 になります。

実は、11 の自乗から 16 の自乗までは、「十の段同士のかけ算」で計算できます。それと、17 ～ 19 の自乗の計算の 2 とおりを覚えておけば、11 ～ 19 の自乗はあっという間にできます。

九九島の
DAIBO-KEN No.3

一の位が「5」同士の魔法のかけ算

15 × 15 ＝ 225、25 × 25 ＝ 625、35 × 35 ＝ 1225という計算に隠されたルールを見つけてみましょう。

どれも下 2 桁が 25 であることはすぐに気づきます。残りの百の位以上に注目してみます。答えに「2 ／ 25」「6 ／ 25」「12 ／ 25」と仕切りを入れてみれば分かるように、百の位以上は、2、6、12 です。これらを 15、25、35 の十の位の 1、2、3 と比べてみると、次のようになります。

1 → 2 ＝ 1 ×（1 ＋ 1）

2 → 6 ＝ 2 ×（2 ＋ 1）

3 → 12 ＝ 3 ×（3 ＋ 1）

ここにあるルールは何でしょうか。

□5×□5の答えは、百の位以上は□×(□＋1)、下2桁は25ということなのです。ですから続きは、

45 × 45 ＝ 2025（百の位以上が 4 × 5 ＝ 20）

55 × 55 ＝ 3025（百の位以上が 5 × 6 ＝ 30）

65 × 65 ＝ 4225（百の位以上が 6 × 7 ＝ 42）

75 × 75 ＝ 5625（百の位以上が 7 × 8 ＝ 56）

85 × 85 ＝ 7225（百の位以上が 8 × 9 ＝ 72）

95 × 95 ＝ 9025（百の位以上が 9 × 10 ＝ 90）

ということになります。確かめてみてください。

100 以上の数でもルールは同じです。下のイラストで確かめてみましょう。

105 × 105 で出てくる 10 × 11 ＝ 110 は分かりますね。115 × 115 で登場する 11 × 12 は、「11 のかけ算」を思い出しましょう。

では、125 × 125、135 × 135、……。一の位が「5」同士のかけ算の大冒険をさらに続けてみましょう。

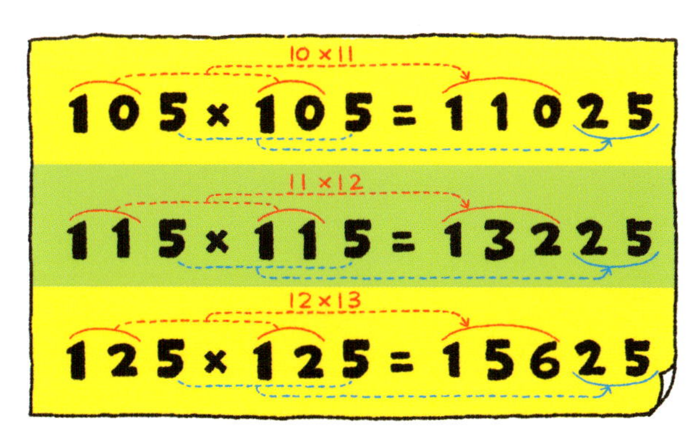

九九島の島の
DAIBO-KEN No.4

えっ！ ホント？ 31×39も すぐできちゃう！

15×15 や 75×75 のような一の位が「5」同士のかけ算にはまだまだ秘密があります。隠された秘密を探る大冒険に出かけましょう。

一の位が「5」同士の数、例えば 35×35 であれば、一の位の和は $5 + 5 = 10$ です。

実は、31×39 や 32×38 のように一の位の和が 10 になるかけ算も、一の位が「5」同士のかけ算と同じ計算方法でできてしまうのです。

$\square 5 \times \square 5$ の答えは、百の位以上は $\square \times (\square + 1)$、下 2 桁は 25 ということでした。この下 2 桁の 25 は、一の位同士のかけ算 5×5 ということです。

この規則にしたがうと、31×39 の上 2 桁は $3 \times (3 + 1) = 12$、下 2 桁は $1 \times 9 = 9$ なので、09 となります。

確認してみましょう。すると、あら不思議、ちゃんと答えが合っていますね。

では、この方法で 11 × 19、12 × 18、13 × 17、14 × 16 や 71 × 79、72 × 78、73 × 77、74 × 76 でも計算をしてみましょう。

ちゃんと答えは合っているはずです。

つまり、15 × 15 や 75 × 75 といった「一の位が『5』同士のかけ算」とは、実は「十の位が同じで一の位の和が 10 のかけ算」の特別な場合だったということなのです。

91 × 99、92 × 98、93 × 97、94 × 96 まで計算できたら、次は 101 × 109、102 × 108 や 111 × 119、113 × 117 なども同じ考え方で計算できます。どんどん大きな数に挑戦してみましょう。

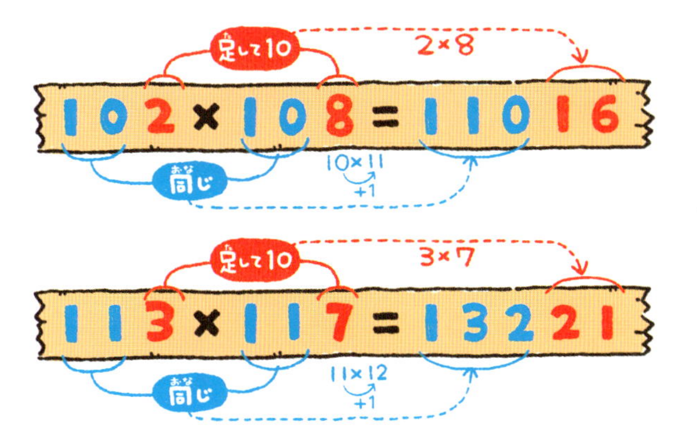

計算すればするほど数の世界の秘密がおもしろく思えてくるはずです。

17の問題を解いて、九九をいっきに飛び超えよう！（答えは110ページを見てね！）

⑫ 12×13=
⑬ 16×15=

10の段同士のかけ算

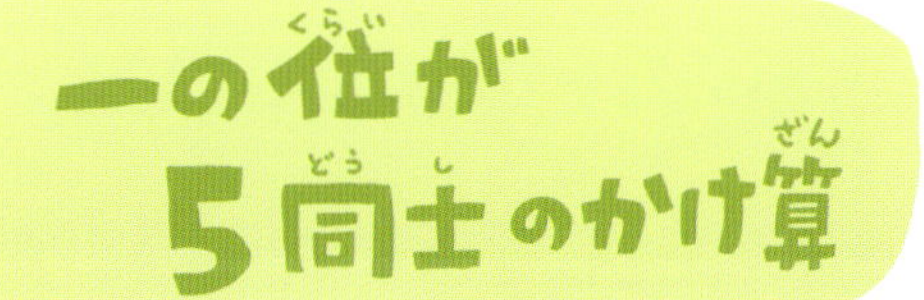

一の位が
5同士のかけ算

⑭ 65×65=
⑮ 85×85=

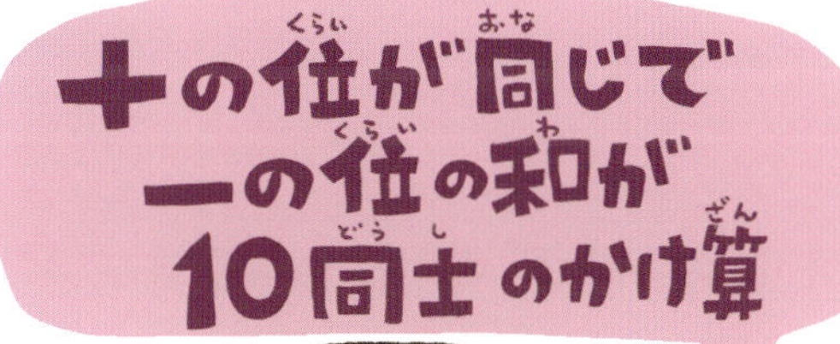

十の位が同じで
一の位の和が
10同士のかけ算

⑯ 87×83=
⑰ 59×51=

÷×−+÷×−+÷×−+÷
数当てマジック、ピラミッド計算、
大きな数・小さな数の道、九九の秘密、
数々の難問を
クリアしていくプーラスたち。
数の宝物まで、あと少し！
+−×÷+−×÷+−×÷+

九
五
七
四

エピソード島❷の
DAIBO-KEN No.1

日本にはない0階のナゾ

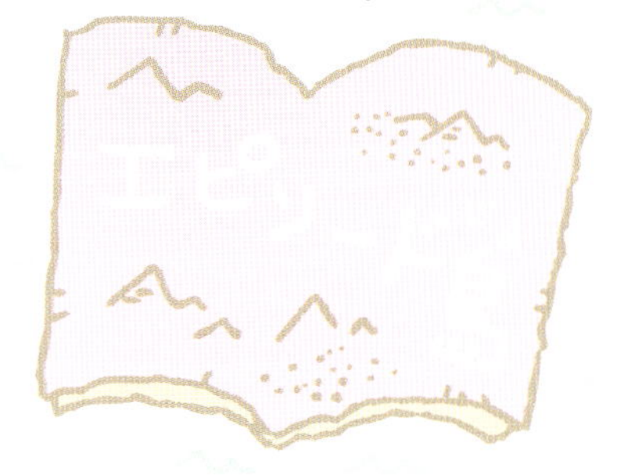

建物の階数の数え方は地域によって違います。日本のように「1 階、2 階、3 階」と数えるのはアメリカも同じです。英語では、「first floor、second floor、third floor」といいます。

ファーストは 1 番目、セカンドは 2 番目、サードは 3 番目という意味です。

イギリスでは地面と同じ高さの地上階を「ground floor」と呼びます。その上が「first floor」、さらにその上が「second floor」となります。

日本やアメリカでの 1 階が、イギリスではグランドフロアで「0階」にあたります。これは、数のはじまりを 0 とするか、1 にするかの違いともいえます。漢字の「一」を「はじめ」と呼ぶ日本では 1 階がはじまりなのです。

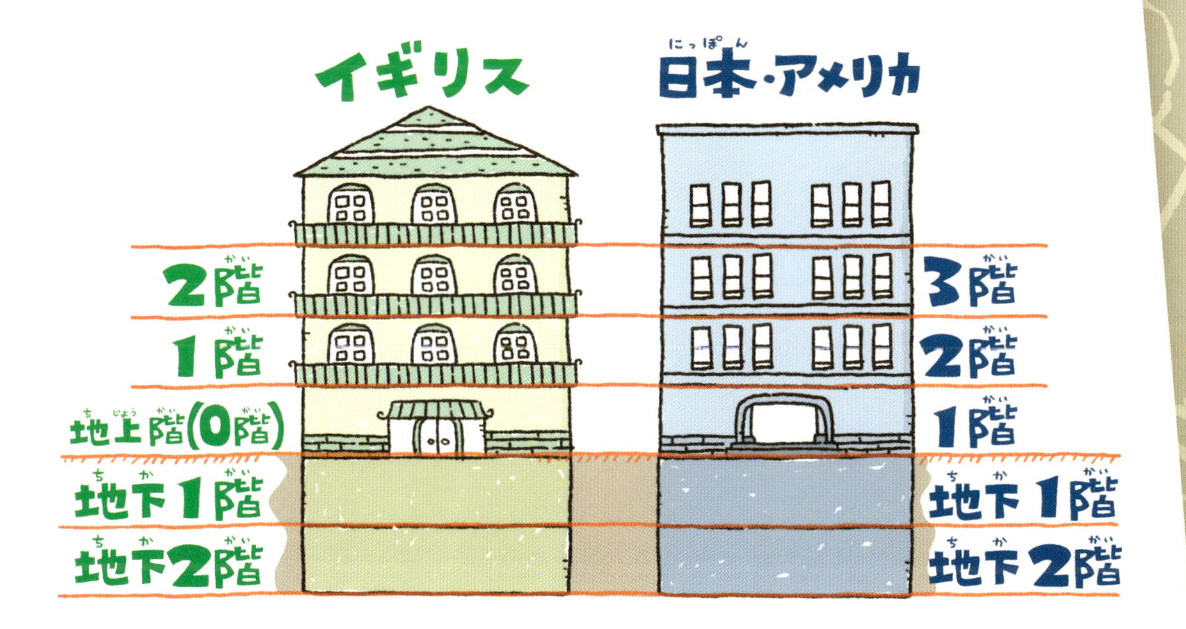

日本特有の０というのもあります。０は英語では「ゼロ」と読みますが、日本語では「れい」と読みます。「れい」は漢字で「零」と書きます。この字には「きわめて少ない」という意味もあり、まったくの「ゼロ」ではない意味でも使われます。

テレビやラジオのアナウンサーは、ニュースを読む時に０の読み方を使い分けています。ＮＨＫは基本的に日本語読みの「れい」を使い、「死亡者０人」など「無い」ことを強調する場合などには、「ゼロ」を使うそうです。おもしろいですね！

エピソード島②の
DAIBO-KEN No.2

むかしの時間はどうぶつ時間

みなさんは「干支」というものを知っていますか？

年賀状を書く季節、イラストになったその年の動物を目にすることが多くなりますね。でも、ふだんはあまり干支を気にすることはないと思います。

しかし、むかしの人たちにとって干支は、時間や方角をあらわすものとして生活にとても馴染みあるものでした。

いまは1日を24時間として生活していますが、江戸時代までは1日を12個に区切り、それぞれの2時間を12の干支（子、丑、寅、卯、辰、巳、午、未、申、酉、戌、亥）の名前で呼んでいました。幽霊が出てくる怪談話では、「草木も眠る丑三つ時」などといいますが、この「丑」というのは時間のことで、いまの時間では午前2時ごろを示しています。

干支で時刻を数える場合は、午後11時から午前1時までの2時間を「子の刻」、午前1時から3時までの2時間を「丑の刻」とし、その後も2時間刻みで、寅、卯、辰、巳……と順番に続いていきます。12時を「正午」というのは、12時ちょうどが「午」であることに関係しています。お昼の12時を境にして「午前」「午後」というのも、「午の刻」より前か後かということです。

一日中や日夜という意味で使われている「四六時中」は、もともと「二六時中」といわれていました。「二六時中」とは、1日を12個に区切っていたことから、2×6で12となるため、そのように使われていました。

また、方角でも、北が「子」、東が「卯」、南が「午」、西が「酉」とあらわされていました。北極と南極を結ぶ線を「子午線」といいますが、この言葉も「子」と「午」に関係しているといわれています。

さていまは「なんの刻」かな？

エピソード島②の
DAIBO-KEN No.3

曽呂利新左衛門とほうびの米

数の知恵を使ったお話を１つ紹介しましょう。

むかし、豊臣秀吉の家来に曽呂利新左衛門という人がいました。彼はとても頭のいい人で、話上手なうえにとんちの才能があり、秀吉にとても可愛がられていました。

あるとき、秀吉は新左衛門をとてもほめて、ほうびを与えることにしました。ところが新左衛門は大金などをほしがらず、お米を１粒ほしいと言いました。ただし、今日は１粒、明日はその倍の２粒、その次の日はさらに倍の４粒……というように次つぎに倍にして、30日続けてほしいというのです。「なんて欲のない奴じゃ！！」と秀吉は喜んで、その願いを受け入れました。

秀吉は約束どおり、１日目にはお米１粒、２日目には２粒、３日目には４粒、４日目には８粒、５日目には16粒、６日目には32粒、7日目には64粒、8日目には128粒、9日目には256粒、10日目には512粒、半月後の15日目には16384粒のお米をほうびとして与えました。

ところが！　日を追うごとにお米の量は増えていき、20日目になってみると524288粒、21日目には1048576粒、22日目には2097152粒、23日目で4194304粒……、このままいくと約束の30日目で536870912粒！！　米俵で250俵にもなってしまうではありませんか！　そのことに気づいた秀吉は新左衛門にあやまって別のほうびに代えてもらったということです。

これは、1粒のお米も毎日2倍にすると、1ヶ月後にはとても大きな数になることを新左衛門が知っていたからできたことです。

実は新左衛門という人がどんな人だったか、そもそも実在した人物なのか、分かっていません。でも、この新左衛門と同じくらいすぐれた数学の力を持った人物が、むかしの日本にはたくさんいたようです。

日数	米粒の数
1	1
2	2
3	4
4	8
5	16
6	32
7	64
8	128
9	256
10	512
11	1024
12	2048
13	4096
14	8192
15	16384
16	32768
17	65536
18	131072
19	262144
20	524288
21	1048576
22	2097152
23	4194304
24	8388608
25	16777216
26	33554432
27	67108864
28	134217728
29	268435456
30	536870912

1日目 → 2日目 → 3日目 …… → 30日目

1粒　2粒　4粒　536870912粒

米俵約250俵！

こんなにも〜

マジック島②の
DAIBO-KEN No.1

なんて不思議な1089！

1089はとっても不思議な数です。

はじめに選んだ3桁の数を使ってある計算を続けていくと、最後には必ず1089になるのです。

123という3桁の数でためしてみましょう。

❶ 123を逆さに並べかえます。123 → 321

❷ 123と321の差、つまり大きい方から小さい方を引きます。321 － 123 ＝ 198

❸ ❷の数を逆さに並べかえます。198 → 891

❹ ❷と❸を足します。198 ＋ 891 ＝ 1089

最後は1089になりました。

では、今度は529という別な数で同じように計算してみましょう。

❶ 529を逆さに並べかえます。529 → 925

❷ 529と925の差、つまり大きい方から小さい方を引きます。925 － 529 ＝ 396

❸ ❷の数を逆さに並べかえます。396 → 693

❹ ❷と❸を足します。396 ＋ 693 ＝ 1089

やっぱり最後は 1089 です。

実は、百の位と一の位の差が 2 以上ある 3 桁の数、それも回文数（121 や 898 のように数字を逆さに並べかえても同じ数のこと）ではない数ならば❶〜❹の計算の結果は必ず 1089 になります。回文数だと❷の計算が 121 － 121 ＝ 0 となってしまうのでだめなのです。

では、この不思議な 1089 を使ったマジックで、友だちをビックリさせちゃいましょう！

マジック島②の
DAIBO-KEN No.2

マジック!? あなたの誕生日を当てます!

電卓を使ったマジックです。

相手の人に電卓を持ってもらいます。そして次の指示にしたがって計算してもらいます。もちろん相手の人には誕生日をだまっていてもらいます。

ステップ1「まず、あなたの〝誕生月〟に4をかけて、9を足してください。」

ステップ2「そしてその答えに25をかけて、さらにあなたの〝誕生日〟を足してください。」

ステップ3「最後に225を引いてみてください。ではその結果を見せてください。あなたの誕生日は3月24日ですね！」

きっと相手の人はびっくりするでしょう。なぜ誕生月日が最後に出てくるのか分からないからです。

なぜ、誕生日が最後に出てくるのでしょう。

ポイントは、〝誕生月〟を上2桁、〝誕生日〟を下2桁として4桁の数であらわすことです。

そのため答えが、〝誕生月〟× 100 ＋〝誕生日〟となるように計算することです。

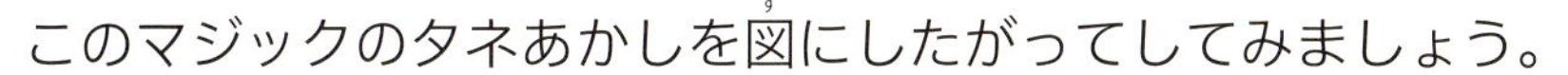

このマジックのタネあかしを図にしたがってしてみましょう。

ステップ1では、〝誕生月〟に4をかけています。そして**ステップ2**でその数に25をかけているので〝誕生月〟× 100ができたことになります。それに24を足します。するとここで〝誕生月〟× 100 ＋〝誕生日〟ができていることになります。

{(誕生月×4)+9}×25+誕生日−225

=(誕生月×4)×25+9×25+誕生日−225

=誕生月×100+225+誕生日−225

=誕生月×100+誕生日

ところが、これではマジックにならないので、**ステップ1**の段階で余計な9を足しておくのです。これに**ステップ2**で25をかけた9 × 25 ＝ 225が〝誕生月〟× 100 ＋〝誕生日〟に足されることになります。ですから**ステップ3**でこの余計な225を引いてあげれば〝誕生月〟× 100 ＋〝誕生日〟が最後に答えとしてあらわれることになるのです。

マジック島❷の
DAIBO-KEN No.3

カレンダー数当てマジック

カレンダーにはルールがあります。そんなカレンダーのルールを使った数当てマジックです。カレンダーと電卓を用意します。

日	月	火	水	木	金	土
1	2	3	4	5	6	7
8	9	10	11	12	13	14
15	16	17	18	19	20	21
22	23	24	25	26	27	28
29	30					

あなた　カレンダーの縦に並んだ3つの日にちを私に見えないように囲んでください。

友だち　はい、囲んだよ。

あなた　では、その3つの日にちを足してください。電卓を使っていいよ。

友だち　はい、足したよ。54になったよ。

あなた　分かった、54だね。ええと、あなたが四角で囲んだ3つの日は11、18、25だね？

友だち　うん、正解！でも、どうして分かったの？　タネあかししてほしいな。

あなた　では、どうして私が合計から３つの数が分かったのか説明しましょう！

カレンダーの縦に並んだ３つの日にちにはルールがあります。

縦に囲んだ３つの日にちは、一番上の日にちの１週後が真ん中の日にち、その１週後が一番下の日にちです。つまり、３つの日にちは上から７ずつ増えていきます。

日	月	火	水	木	金	土
1	2	3	4	5	6	7
8	9	10	11	12	13	14
15	16	17	18	19	20	21
22	23	24	25	26	27	28
29	30					

すると、縦の３つの日にちをならしてみるとどれも真ん中の日にちになると考えられます。

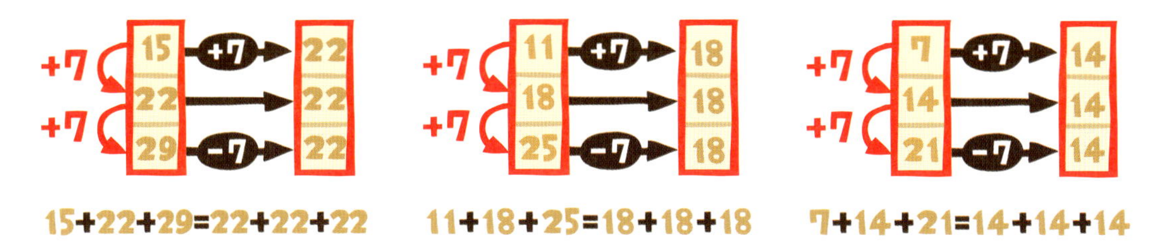

だから、まず教えてもらう３つの合計を３で割った答えが真ん中の日にちであると分かります。あとは、その真ん中の日にちから７を引いたのが一番上の日にちで、７を足したのが一番下の日にちと分かります。

さぁ、みんなにマジックをためしてみましょう。

なるほど〜

マジック島❷の
DAIBO-KEN No.4

みんな答えがいっしょになる計算マジック

参加したみんなの答えが同じになる、不思議なマジックを紹介しましょう！

❶ 1から9の数の中から1つ数を選んでください。
❷ その数を2倍してください。
❸ その数に10を足してください。
❹ その数を2で割ってください。
❺ その数からはじめに選んだ数を引いてください。
❻ さあ、みなさん、いま最後に計算で出てきた数を1人ずつ当ててみせましょう。

タネあかしをしてみましょう。
さっきの計算は、次の式にまとめることができます。

（選んだ数×2＋10）÷2－選んだ数

この式を計算してみましょう。

（選んだ数×2＋10）÷2－選んだ数

＝（選んだ数×2÷2）＋（10÷2）－選んだ数

＝選んだ数－選んだ数＋（10÷2）

＝10÷2

＝5

ということで、最後に１人ずつ私が数を当てていったのですが、はじめに１～９のどんな数を選んだとしても、最後には必ず５になる計算だったんですね！　最後の答えを言い当てるときにはわざと１人ひとり言ったのは、その方がみんなびっくりするからです。

途中で10を足しますが、これを変えてあげると最後の数も変わります。

いろいろな数でチャレンジしてみてくださいね！

楽々かけ算島の
DAIBO-KEN No.1

楽々計算法 11×13の巻

10より大きい数の自乗（その数同士をかけ合わせること）の計算があっという間にできるようになると、11 × 13、12 × 14、13 × 15、14 × 16、15 × 17といった計算も楽々とできるようになります。かけ合わせる二つの数にはさまれた数を使うのがポイントです。

たとえば、11 × 13の場合、11と13の真ん中の数12を使います。12の自乗から1を引いた数が答えです。つまり、

真ん中

11　12　13

$$11 \times 13 = 12 \times 12 - 1$$
$$= 144 - 1$$
$$= 143$$

11 × 13 ＝ 12 × 12 − 1

というように、12 の自乗の計算ができれば、あとはそこから 1 を引くだけです。

この楽々計算法が正しい理由を、面積の計算を使って説明してみましょう。たとえば 11 × 13 は、縦 11、横 13 の長方形の面積の計算と考えます。

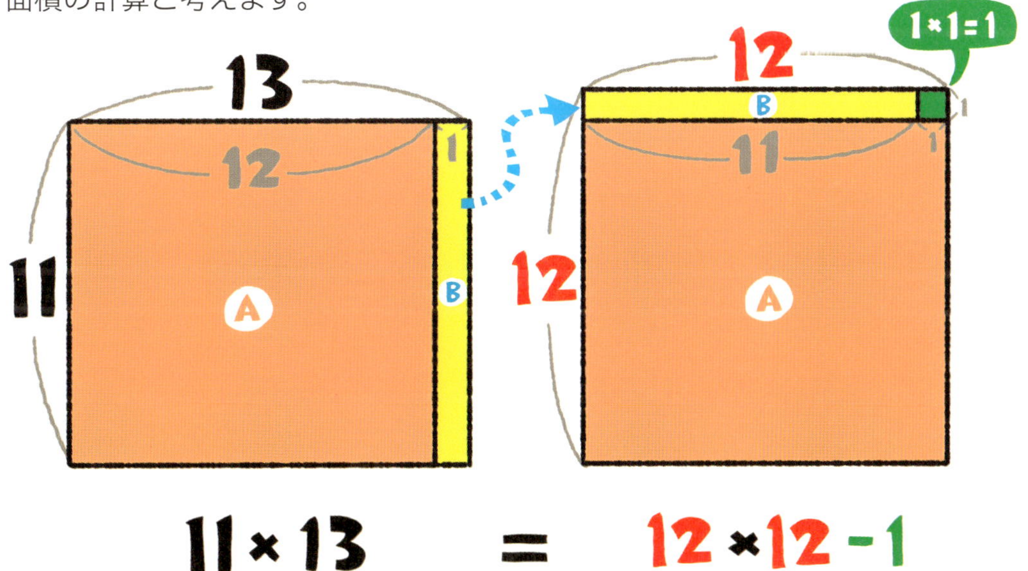

この長方形を、縦 11、横 12 の長方形 A と、縦 11、横 1 の長 方形 B に分けます。長方形 B を長方形 A の横から上に移動させます。こうしてできた形は、12 × 12 の正方形の中に収まりますが、図のように、右上の 1 × 1 の正方形の分が余計です。そこで正方形の面積「12 × 12」から右上の正方形の面積「1 × 1」を引けばいいことになります。

楽々かけ算島の
DAIBO-KEN No.2

あっ!!
という間に
94×97

100に近い数同士をあっという間にかけ算する計算法があります。では、94 × 97の計算を例に、方法を説明します。左の図をまず見てください。

さっそく、98 × 96を同じ方法で計算してみましょう。

ステップ1　100 － 98 ＝ 2

100 － 96 ＝ 4

ステップ 2　答えの百の位以上の数は、

100 －（ 2 ＋ 4 ）＝ 100 － 6

＝ 94

ステップ 3　答えの十の位以下の数は、

2 × 4 ＝ 8

1 桁なので「08」とします。

したがって、98 × 96 の答えは 9408 です。

次は 89 × 88 を計算してみましょう。

ステップ 1　100 － 89 ＝ 11

100 － 88 ＝ 12

ステップ 2　答えの百の位以上の数は、

100 －（ 11 ＋ 12 ）＝ 100 － 23

＝ 77

ステップ 3　答えの十の位以下の数は、

11 × 12 ＝ 132

3 桁なので、下 2 桁の「32」とします。

「132」の「1」は、ステップ 2 の値に加えるので、
答えの百の位以上の数は、

77 ＋ 1 ＝ 78

したがって、89 × 88 の答えは 7832 です。

では、99 × 99 を宿題にしておきます。まさに、あっという
間に答えが出てびっくりするはずです。

楽々かけ算島の
DAIBO-KEN No.3

103×106が3秒で計算できちゃう！

100に近い数同士のかけ算は100より大きい数でもできます。右ページの図を見てみましょう。

例1）103 × 106

ステップ1　103と106、それぞれ100を超えた数を求めます。
3と6です。

ステップ2　ステップ1で求めた3と6の和を100に足した値が答えの百の位以上の数とします。
答えの百の位以上の数＝
100 ＋（ 3 ＋ 6 ）＝ 100 ＋ 9 ＝ 109

ステップ3　ステップ1で求めた3と6の積を答えの十の位以下の数とします。
答えの十の位以下の数＝ 3 × 6 ＝ 18

こうして、103 × 106の答えはステップ2の109とステップ3の18を合わせて10918となります。

例 2）108 × 109

ステップ 1　108 と 109、それぞれ 100 を超えた数を求めます。
8 と 9 です。

ステップ 2　ステップ 1 で求めた 8 と 9 の和を 100 に足した値が答えの百の位以上の数とします。
答えの百の位以上の数＝
100 ＋（8 ＋ 9）＝ 100 ＋ 17 ＝ 117

ステップ 3　ステップ 1 で求めた 8 と 9 の積を答えの十の位以下の数とします。
答えの十の位以下の数＝ 8 × 9 ＝ 72

こうして、108 × 109 の答えはステップ 2 の 117 とステップ 3 の 72 をあわせて 11772 となります。

このように、100 より大きい数同士のかけ算と 100 より小さい数同士のかけ算の違いは、答えの百の位以上の数を求める時にそれぞれ足し算と引き算を使うところです。

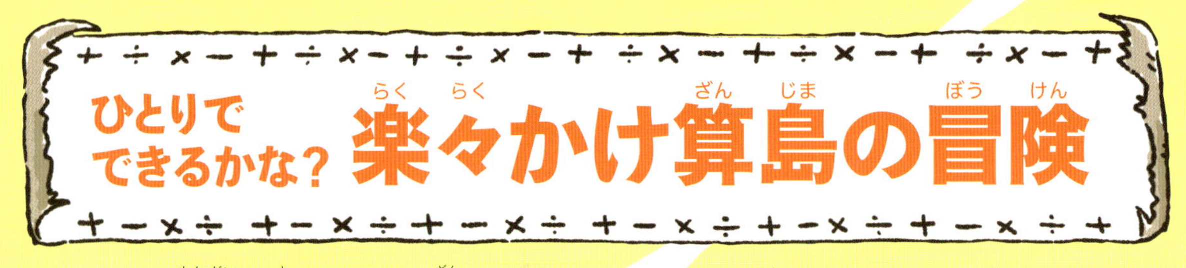

ひとりでできるかな？ 楽々かけ算島の冒険

24の問題を解いて、かけ算マスターを目ざせ！（答えは111ページを見てね！）

1. 97×96= □
2. 93×92= □
3. 95×98= □
4. 96×99= □
5. 91×97= □
6. 91×91= □
7. 92×92= □
8. 93×93= □

100に近い数ばっかりだ

⑨ 94×94=
⑩ 95×95=
⑪ 96×96=
⑫ 97×97=
⑬ 98×98=
⑭ 99×99=
⑮ 89×97=
⑯ 88×98=
100
⑰ 102×103=
⑱ 101×104=
⑲ 104×107=
⑳ 106×106=
㉑ 108×109=
㉒ 107×107=
㉓ 108×108=
㉔ 109×110=
106
107
104
110
102
105

倍数判定島の
DAIBO-KEN No.1

倍数当てクイズ

倍数判定島

きょうはパパとドライブです。

パパ「クイズを出すよ。前の車のナンバー『25 － 20』を４桁の数としよう。2520 は何の倍数かな」

ぼく「10 の倍数だよ。だって一の位が 0 だから」

パパ「正解！ ではそれ以外に倍数はないかな」

ぼく「そうだ。10 で割り切れるということは、2 でも 5 でも割り切れるはずだから、2 の倍数と 5 の倍数にもなっているね」

パパ「またまた正解！ ほかに倍数はないかな」

ぼく「んー、割ってみないと分からないよ」

ある数○が、ある数△で割り切れるとき「○は△の倍数」と言います。6 は 2 で割り切れるので 6 は 2 の倍数です。さらに 6 は 3 でも割り切れるので 3 の倍数でもあります。

実はパパは、前を走っている車のナンバー 2520 を見て、あっという間に 2 の倍数、3 の倍数、4 の倍数、5 の倍数、6 の倍数、7の倍数、8の倍数、9の倍数そして10の倍数であることが分かったのです。では、倍数判定法の大冒険に出かけましょう。

まずは右の表にしたがってさっそく2520で確かめてみましょう。各位の和とは2520では、2＋5＋2＋0＝9のことです。一の位だけで判定できるのは2の倍数、5の倍数、そして10の倍数です。一の位は「0」なので、2520は2、5、10の倍数です。下2桁は「20」で4の倍数なので、2520は4の倍数です。確かに2520 ÷ 4 ＝ 630です。

倍数	判定法
2の倍数	→ 一の位が2の倍数
3の倍数	→ 各位の和が3の倍数
4の倍数	→ 下2桁が4の倍数
5の倍数	→ 一の位が0か5
6の倍数	→ 一の位が2の倍数で各位の和が3の倍数
10の倍数	→ 一の位が0

9は3の倍数なので2520は3の倍数です。確かに2520 ÷ 3 ＝ 840です。

一の位が2の倍数で、各位の和が3の倍数ですから、6の倍数だと分かります。確かに2520 ÷ 6 ＝ 420です。

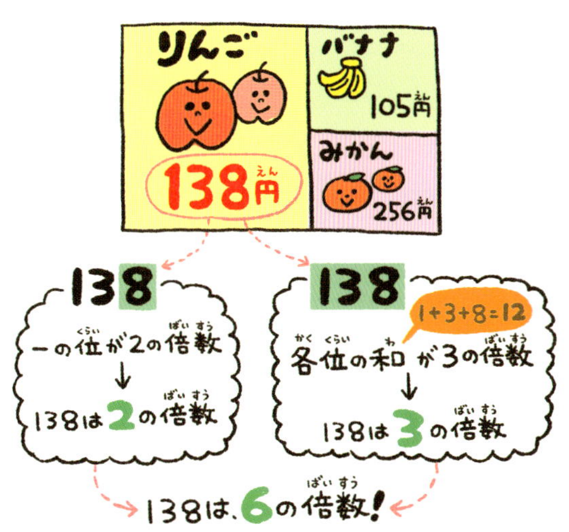

身近に見つけた数字で、今回の倍数判定法をためしてみましょう。7、8、9の倍数の判定法も次に紹介します。

倍数判定島の
DAIBO-KEN No.2

ラジオと9の秘密の関係

車のナンバー「2520」が9の倍数であることが、見てすぐに分かるのはなぜでしょう。今回は9の倍数の大冒険です。

9の倍数を書き出してみます。9、18、27、36、45、54、63、72、81……。するとおもしろいことに、各位の和も9の倍数であることに気づきます。

18 → 1 ＋ 8 ＝ 9	27 → 2 ＋ 7 ＝ 9
36 → 3 ＋ 6 ＝ 9	45 → 4 ＋ 5 ＝ 9
54 → 5 ＋ 4 ＝ 9	63 → 6 ＋ 3 ＝ 9
72 → 7 ＋ 2 ＝ 9	81 → 8 ＋ 1 ＝ 9

3桁以上の数でも確かめてみましょう。

みなさんはラジオを聴きますか。AM ラジオの周波数を調べてみてください。NHK 第一 594 kHz、TBS 954 kHz、文化放送 1134 kHz、ニッポン放送 1242 kHz などですが、これらはどれも9で割り切れるので9の倍数です。

594 ÷ 9 ＝ 66

954 ÷ 9 ＝ 106

1134 ÷ 9 ＝ 126

1242 ÷ 9 ＝ 138

各位の和も

594 → 5 ＋ 9 ＋ 4 ＝ 18（9 の倍数）

1242 → 1 ＋ 2 ＋ 4 ＋ 2 ＝ 9（9 の倍数）

のように確かに 9 の倍数です。

話を車のナンバーに戻しましょう。「2520」の各位の和は、2 ＋ 5 ＋ 2 ＋ 0 ＝ 9 なので、2520 は 9 の倍数とすぐに分かるのです。

ちなみに AM ラジオの周波数には間隔が 9 kHz というルールがあります。それに加えてはじまりの周波数が 9 の倍数であることから、すべての周波数が 9 の倍数になるのです。

次回は 8 の倍数の判定法です。

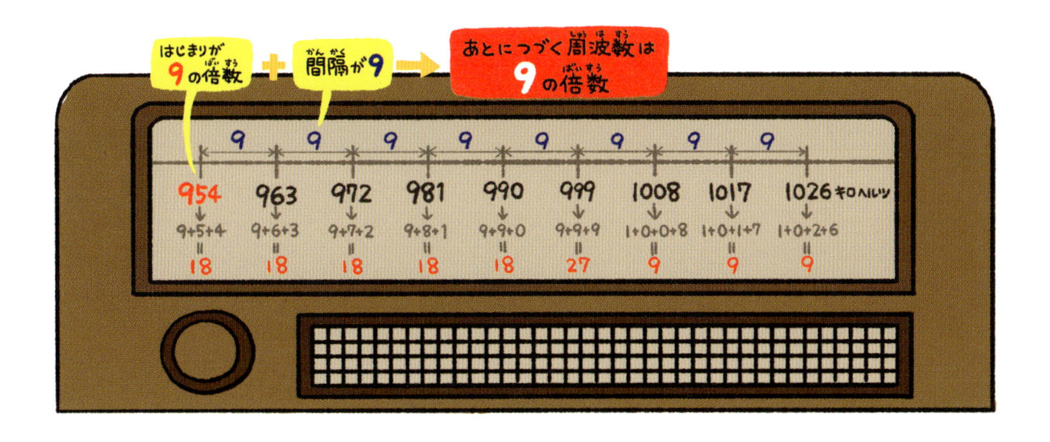

倍数判定島の
DAIBO-KEN No.3

ブン、ブン、ブン！ 8の倍数判定法

九九の八の段を見れば、16、24、32、40、48、56、64、72が8の倍数であることは分かります。次の80、88も8の倍数であることは簡単ですね。その次の8の倍数は96です。2桁で8の倍数かどうかすぐには分からないのは96だけです。

さて問題は3桁の数です。次のような方法で判定することができます。

まず百の位と下2桁に分けます。百の位を4倍した値と下2桁を比べます。大きいほうから小さい方を引きます。この差が8の倍数ならばもとの3桁の数は8の倍数なのです。なぜそうなるのかは、高校生でも難問なので、ここでは解説しませんが、判定法があるというおもしろさを、実際に計算をして実感してみてください。

もし、百の位を4倍した値と下2桁が等しいならば、その差は0です。0は8で割り切れるので、0は8の倍数。つまり、もとの3桁の数も8の倍数です。

おもしろいことに4桁以上の場合には、千以上の桁は無視して下3桁だけを判定すればよいのです。それは、1000が8の倍数（1000 ÷ 8 ＝ 125）だからです。

この見分け方を使えば「2520」が8の倍数かどうかもすぐに分かります。下3桁の520だけに注目して、百の位5を4倍した20と、下2桁20の差は0です。0は8の倍数なので520は8の倍数となり、2520も8の倍数と分かるのです。

次はいよいよ、7の倍数の判定法です。

倍数判定島の
DAIBO-KEN No.4

ラッキー7の倍数判定法

これまで2、3、4、5、6、8、9、10の倍数の判定方法を見てきました。3桁を超えるような大きな数の場合は、1桁ないし2桁の数に変換することで判定できました。変換方法は、倍数ごとに異なることも分かってもらえたと思います。

いよいよ一番のくせ者、7の倍数の判定法の大冒険のはじまりです。3回に分けて説明します。

今回は3桁の数の場合です。3桁の数を判定するために、2桁の7の倍数を覚えておきます。14、28、35、42、49、56、63。ここまでは九九の7の段です。続きの70、77、84、91、98は、特に最後の3つを覚えておきましょう。

（百の位を２倍）＋（下２桁）を計算します。この値が７の倍数なら３桁の数は７の倍数です。259 について判定してみましょう。

259 ÷ 7 ＝ 37 で割り切れますから、259 は７の倍数です。

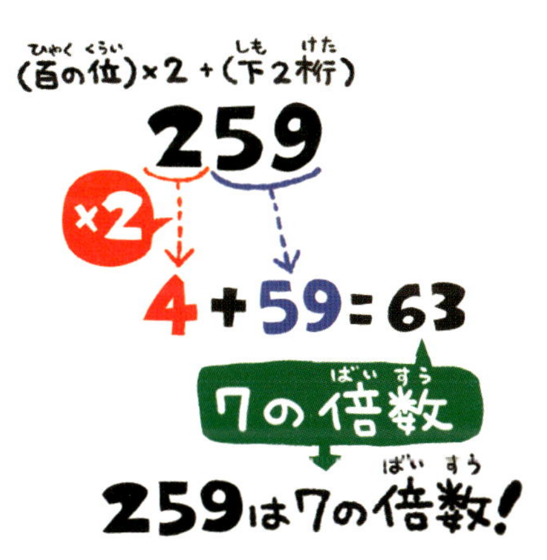

では 896 は７の倍数でしょうか。（百の位を２倍）＋（下２桁）を計算すると、112 になります。このように判定法で変換した値がまた３桁の数になる場合は、もう一度この判定法を使って桁数を小さくします。112 について（百の位を２倍）＋（下２桁）を計算すると 14 になります。

896 ÷ 7 ＝ 128 で割り切れます。確かに 896 は７の倍数です。

次のページでは、４桁以上の数の場合について説明します。

倍数判定島の
DAIBO-KEN No.5

ラッキー7の倍数判定法

7の倍数判定法の2回目です。前回、3桁の数を判定するには、（百の位を2倍）＋（下2桁）を計算して、この値が7の倍数かどうかを調べればよい、と分かりました。

この方法は4桁と5桁の数にも応用できます。

4桁、5桁の数の場合は（百以上の位を2倍）＋（下2桁）が7の倍数なら、もとの数が7の倍数と分かります。実際にやってみましょう。たとえば1234の場合はどうでしょうか。百以上の位を2倍する、というのは、百以上の位は「12」ですから、2倍すると24。これに下2桁の34を足すので58になります。九九の7の段を唱えてみると、58は7の倍数ではないことが分かります。

では2520が7の倍数かどうか調べてみましょう。

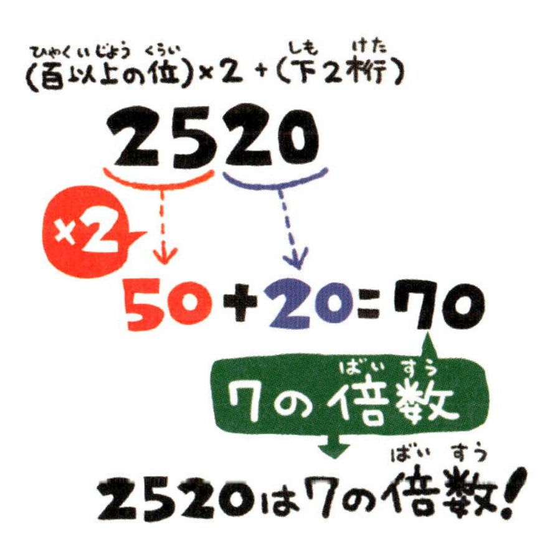

4桁以上の数の場合、(百以上の位を2倍)＋(下2桁)の値が3桁になることがあります。その場合にはもう一度、3桁の場合の判定法を使います。たとえば2093の場合は、1度目の(百以上の位を2倍)＋(下2桁)の値は、(20 × 2) ＋ 93 ＝ 133です。ここでもう一度、(百以上の位を2倍)＋(下2桁)を計算します。(1 × 2) ＋ 33 ＝ 35です。35は7の倍数なので、2093は7の倍数です。

では11963が7の倍数かどうか調べてみましょう。

今度は6桁以上の場合の判定法です。

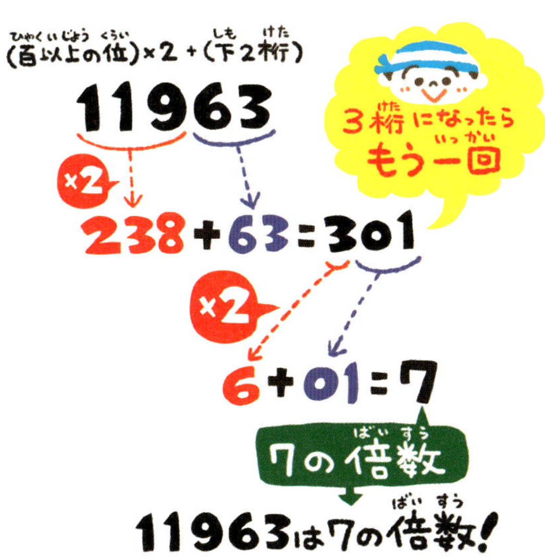

倍数判定島の
DAIBO-KEN No.6

ラッキー7の倍数判定法③

7の倍数の判定法の大冒険はいかがでしたか。6桁以上の7の倍数判定法は、3桁ごとに交互に足したり引いたりした値が7の倍数ならば、もとの数は7の倍数となります。「3桁ごとに交互に足したり引いたりする」とはどういうことでしょうか。実際に見てみましょう。

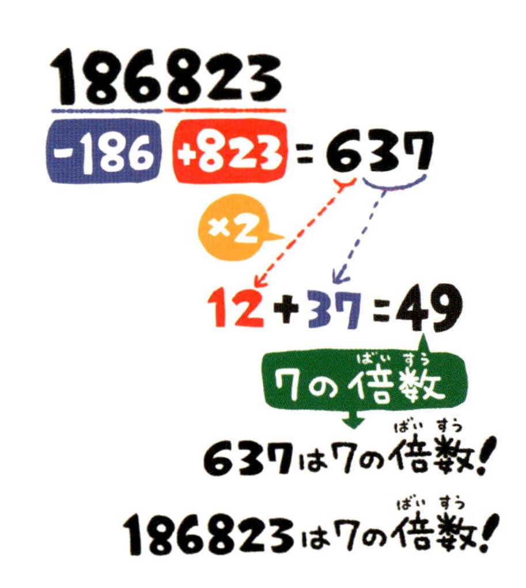

たとえば186823の場合。「3桁ごとに交互に足したり引いたりする」というのは、186と823に分けて、186は引いて、823は足します。つまり823－186 ＝ 637です。次に637が7の倍数かどうかを調べます。ここで初回に紹介した判定法を使い、(百以上の位を2倍) ＋ (下2桁)を計算します。(6 × 2)

＋ 37 ＝ 49 になり、7 の倍数になるので、637 は 7 の倍数と分かり、186823 は 7 の倍数と判定されます。

次に 2539880 について判定してみましょう。最初に 2 と 539 と 880 に分割するのがポイントです。

6658425627 の場合は、6 と 658 と 425 と 627 に分けて判定します。

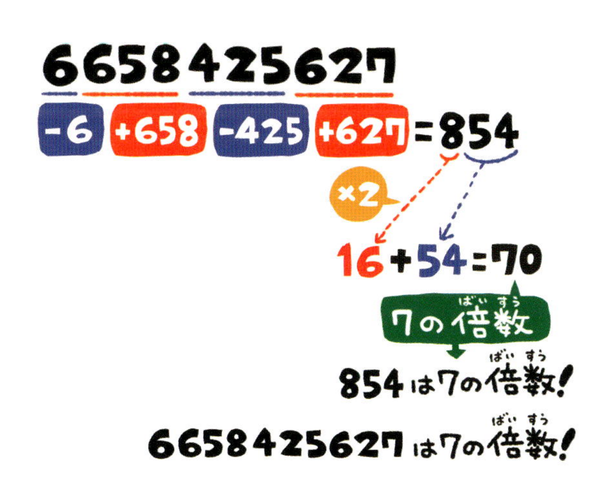

このように、7 の倍数はどんなに桁数が大きくなったとしても、3 桁の判定をすればよいことになるのです。これでようやく 2 から 10 までの倍数の判定法をすべて紹介したことになります。

最後は倍数当てクイズにチャレンジします。

倍数判定島のDAIBO-KEN No.7

めざせ!! 倍数判定王！

倍数判定法の大冒険もいよいよ今回が最終回です。これまでに説明した判定法は右の図のとおりになります。

倍数判定法のおもしろさに気づいてもらえたでしょうか。倍数かどうかは実際にわり算をすれば分かりますが、桁数が大きくなるとわり算はたいへんになります。それが、数の並びに注目したり、変換した「より小さな数」を調べたりすることで、それほどたいへんな思いをしなくても判定できてしまいます。数の世界に隠された仕組みを味わってほしいと思います。

では、2 から 10 までの倍数判定法をためしてみましょう。クイズを出します。

❶ 695 は 5 の倍数ですか？

❷ 932 は 4 の倍数ですか？

❸ 801 は 3 の倍数ですか？

❹ 822 は 6 の倍数ですか？

❺ 873 は 9 の倍数ですか？

❻ 9184 は 8 の倍数ですか？

❼ 413は7の倍数ですか？

［**答え**］

❶ 一の位が5なので5の倍数です。

❷ 下2桁「32」は4の倍数なので4の倍数です。

❸ 各位の和「8＋0＋1＝9」は3の倍数なので、3の倍数です。

❹ 一の位は「2」で偶数。各位の和「8＋2＋2＝12」は3の倍数なので、6の倍数です。

❺ 各位の和「8＋7＋3＝18」は9の倍数なので、9の倍数です。

❻ 下3桁184に注目して、百の位の4倍は「1×4＝4」。これと下2桁84の差は「84－4＝80」。これは8の倍数なので8の倍数です。

❼ 3桁の場合は、百の位の2倍は「4×2」。これと下2桁の和は「8＋13＝21」。これは7の倍数なので7の倍数です。

これから数と出会ったら、倍数判定法を思い出して、何の倍数かを判定してみてください。

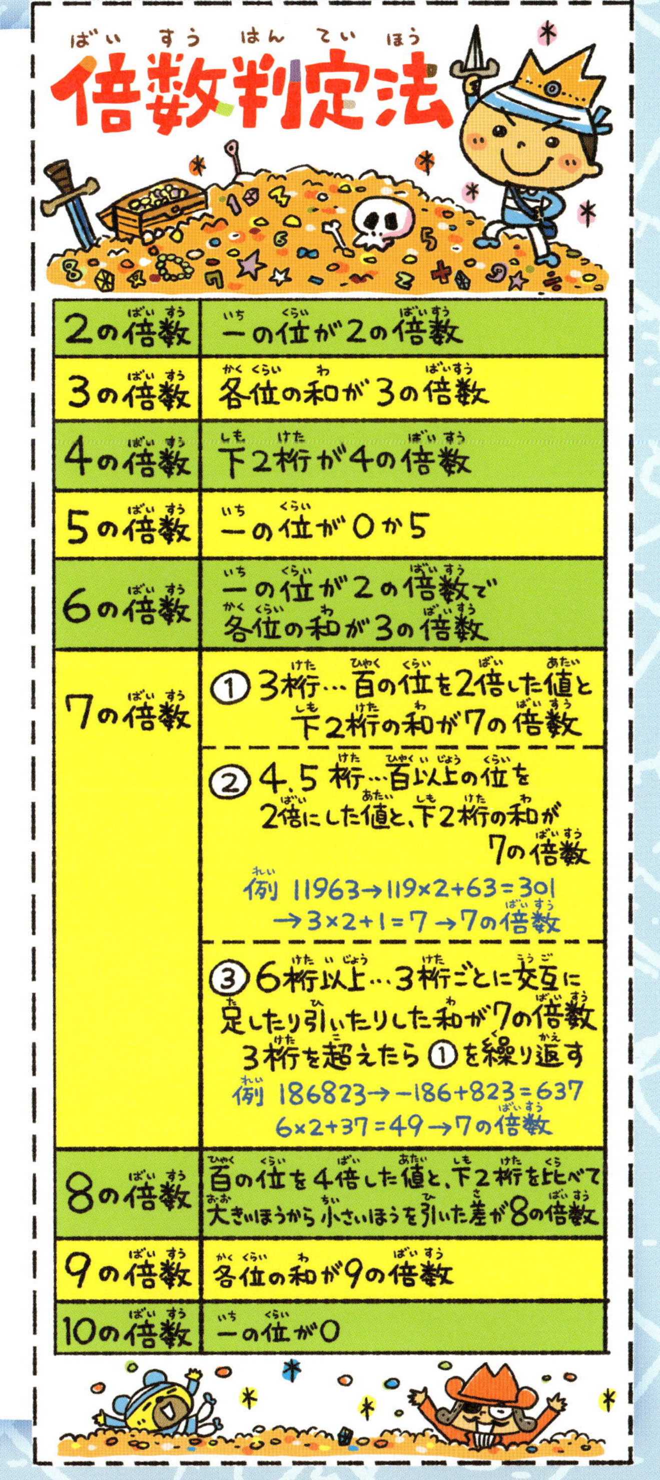

倍数判定法

2の倍数	一の位が2の倍数
3の倍数	各位の和が3の倍数
4の倍数	下2桁が4の倍数
5の倍数	一の位が0か5
6の倍数	一の位が2の倍数で各位の和が3の倍数
7の倍数	① 3桁…百の位を2倍した値と下2桁の和が7の倍数
	② 4,5桁…百以上の位を2倍にした値と、下2桁の和が7の倍数 例 11963→119×2+63=301 →3×2+1=7→7の倍数
	③ 6桁以上…3桁ごとに交互に足したり引いたりした和が7の倍数 3桁を超えたら①を繰り返す 例 186823→−186+823=637 6×2+37=49→7の倍数
8の倍数	百の位を4倍した値と、下2桁を比べて大きいほうから小さいほうを引いた差が8の倍数
9の倍数	各位の和が9の倍数
10の倍数	一の位が0

ひとりでできるかな？
倍数判定島
冒険の途中には8つの難問が立ちはだかる！
12356は□に当てはまる0から9の数をすべて見つけよう。
478は倍数判定法を使って正しいかどうか確認してみよう。
（答えは111ページを見てね！）
+−×÷
1
123□
は
10の倍数
2
7□
は5の倍数
3
12□4
は
2の倍数
スタート

87
7
4
732
は4の倍数？
5
1□5
は
3の倍数
6
□28
は6の倍数
7
1712
は
8の倍数
？
8
287
は
7の倍数
？
ゴール

÷×－＋÷×－＋÷×－＋÷
数々の冒険を終えたプーラスたち。
でも、3人の冒険は
これからが本番！　まだまだ続く！
またいつか、
3人といっしょに冒険に出かけよう！
＋－×÷＋－×÷＋－×÷＋

［ひとりでできるかな？　解答編］

26-27ページ『ひとりでできるかな?　おつり島』

① 652	② 825	③ 407	④ 74
⑤ 597	⑥ 938	⑦ 280	⑧ 6733
⑨ 1205	⑩ 2007	⑪ 938	⑫ 6910
⑬ 9452	⑭ 9270	⑮ 1219	⑯ 347
⑰ 3026	⑱ 2438	⑲ 3928	⑳ 4517
㉑ 4080			

38-41ページ『ひとりでできるかな?　ピラミッド島』

39ページ（上から）　3　5　987654　98765432

40ページ（上から）　999　3333333333

41ページ（上から）　12　21　22

56-57ページ『ひとりでできるかな?　連続島』

① 165	② 1435	③ 45685	④ 7350

66-67ページ『ひとりでできるかな?　九九島』

① 374	② 858	③ 121	④ 144
⑤ 169	⑥ 196	⑦ 225	⑧ 256
⑨ 289	⑩ 324	⑪ 361	⑫ 156
⑬ 240	⑭ 4225	⑮ 7225	⑯ 7221
⑰ 3009			

90-91ページ『ひとりでできるかな?　楽々かけ算島』

① 9312	② 8556	③ 9310	④ 9504
⑤ 8827	⑥ 8281	⑦ 8464	⑧ 8649
⑨ 8836	⑩ 9025	⑪ 9216	⑫ 9409
⑬ 9604	⑭ 9801	⑮ 8633	⑯ 8624
⑰ 10506	⑱ 10504	⑲ 11128	⑳ 11236
㉑ 11772	㉒ 11449	㉓ 11664	㉔ 11990

106-107ページ『ひとりでできるかな?　倍数判定島』

① 一の位が0だから□＝0

② 一の位が0か5だから□＝0、5

③ 一の位が2の倍数だから、□＝0～9のどれでもOK

④ 下2桁32が4の倍数だから、732は4の倍数

⑤ 1＋□＋5＝6＋□が3の倍数なので、□＝0、3、6、9

⑥ 6の倍数は2の倍数（一の位が2の倍数）で3の倍数（各桁の和が3の倍数）　一の位は8だから2の倍数　□＋2＋8＝□＋10が3の倍数だから□＝2、5、8

⑦ 百の位を4倍した値と、下2桁を比べて大きい方から小さい方を引いた値が8の倍数　7×4＝28から12を引くと16　これは8の倍数だから1712は8の倍数

⑧ 百の位を2倍した値と、下2桁の和が7の倍数　2×2＋87＝91　これは7の倍数だから7の倍数

［著者紹介］

桜井 進（さくらい・すすむ）

1968年、山形県生まれ。東京工業大学理学部数学科卒、同大学大学院社会理工学研究科博士課程中退。サイエンスナビゲーター®。
おもな著書に『わくわく数の世界の大冒険』1・2・入門（いずれも、日本図書センター）、『面白くて眠れなくなる数学』（PHP文庫）など50冊以上。

※サイエンスナビゲーターは株式会社sakurAi Science Factoryの登録商標です。

ふわこういちろう（ふわ・こういちろう）

1977年、愛知県生まれ。イラストレーター。
荒俣宏『日本人なら知っておきたい！ モノのはじまりえほん』、桜井進『わくわく数の世界の大冒険』1・2・入門（いずれも、日本図書センター）、『まんが古事記』（講談社）、NHK Eテレ『おはなしのくに』イラスト制作など、多数のイラストを手がける。

※本書は、『親子で楽しむ！わくわく数の世界の大冒険』1・2・入門の3巻から、とくに魅力的なストーリーを、あらたに1巻にまとめたものです。

親子で楽しむ！
わくわく数の世界の大冒険 決定版

2018年3月25日　初版第1刷発行

著者　桜井 進
イラスト　ふわこういちろう
発行者　高野総太
発行所　株式会社 日本図書センター
〒112-0012　東京都文京区大塚3-8-2
電話　営業部 03-3947-9387
出版部 03-3945-6448
http://www.nihontosho.co.jp
ブックデザイン　トサカデザイン（戸倉 巌、小酒保子）
印刷・製本　図書印刷 株式会社

ISBN978-4-284-20423-1 C8041